JN122783

最新情報をやさしく解説

# 光触媒実験法

北野書店

# はじめに



日本が世界をリードしている光触媒。持続可能な社会を作るべくエコでクリーンな技術としての光触媒が活躍しています。特に光が当たった酸化チタン表面のもつ強い酸化力は除菌、脱臭、防汚などへと応用されてきています。さらに光照射下で酸化チタン表面が超親水性になることもわかり、ガラスなどが曇らず、セルフクリーニング効果を増すこともわかり、応用分野が世界中に広がってきています。

特に最近は新型コロナ禍で大変な時が続いておりますが、酸化チタン光触媒がこのコロナウィルスにも効果がありますので、各方面から注目されてきております。例えば光触媒空気清浄機を始め各種製品が上市され好評を得ております。

本書では酸化チタンの基本物性から始まり、酸化チタンのもつ光触媒作用としての特徴を説明しています。具体的なコーティング材を多数あげ、そのコーティング法とともにJISやISOによる光触媒製品評価などもまとめられています。さらに具体的な製品群を機能別に分類して説明しています。太陽光を利用し、水を分解し、水素を生成させる光触媒系の水分解や将来展望もまとめられています。

また最近の中心テーマであるコロナウィルスとの関連では、具体的な実験プロセスが写真付きでわかりやすく説明されています。

光触媒製品を展示している光触媒ミュージアムや100社近くの企業の方が参加している光触媒工業会、中国、韓国、ヨーロッパでの光触媒製品や研究の代表例も紹介しています。

光触媒を長年研究してきました私たち東京理科大学の光触媒国際研究

センターのグループと神奈川県立産業技術総合研究所の光触媒グループ（旧 KAST グループ）の研究者が実験を中心にまとめてみたのが本書です。

入手できる範囲の各種情報を中心にして、まとめてありますので、ぜひご利用ください。

光触媒が正しく理解され、有効な効果を発揮している製品が広く使われることを願っております。

執筆者を代表して

**藤嶋　昭**

# 目　次

## 第8章 装置系 ……101



## 第9章 製品例 ……109

# 第1章

# 光触媒の基本
## なぜ酸化チタンか?

酸化チタンの結晶構造と光触媒活性
酸化チタンは半導体の一種
半導体のバンド構造とバンドギャップエネルギー
酸化チタン光触媒で利用するのは近紫外線
光触媒の酸化分解反応の機構
超親水性になるしくみ
酸化チタン以外の光触媒はどうか。

chapter 1-1

# 酸化チタンの結晶構造と光触媒活性

天然の酸化チタンには、3種類の結晶があります。これらはルチル型、アナターゼ型、ブルッカイト型と呼ばれ、同じ $TiO_2$ の化学式で示されますが、図1-1に示しますように結晶構造が異なっています。

工業用として利用されているものは、おもにルチル型とアナターゼ型です。ブルッカイト型は学術的な興味が向けられている程度です。

白色顔料・塗料としての用途には、ルチル型の酸化チタンが使われています。一方、光触媒としては主にアナターゼ型が使われています。

通常の白い塗料に使う顔料としての酸化チタンでは、光触媒としての活性の比較的低いルチル型が使われ、しかも、バインダーが分解されることを防ぐためにシリカなどで被膜して使います。一方、光触媒活性が必要となる場合には、アナターゼ型が主に使われています。

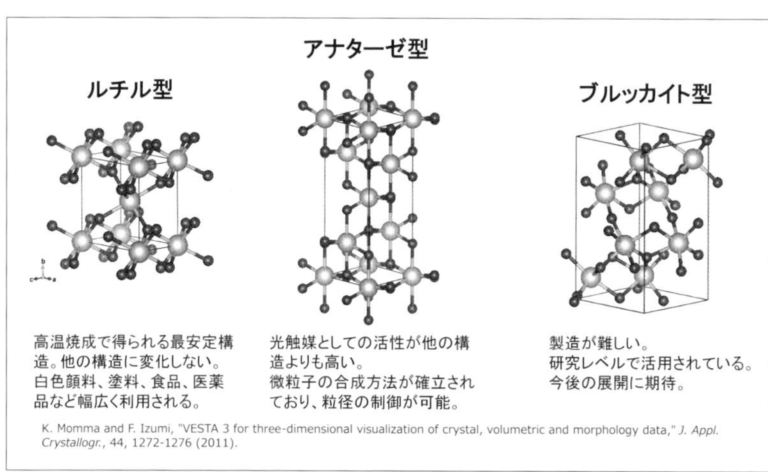


**図1-1　酸化チタンの3つの結晶系**

chapter 1-2

# 酸化チタンは半導体の一種

半導体という言葉は、読んで字のごとく、半「導体」、つまり半分くらい「導体」としての性質を持っています。

導体とは、電気を伝える物質のことです。たとえば送電線に広く使われている銅やアルミニウムなどは導体です。一方、ガラスやゴムなどは電気を伝えない物質であり、絶縁体といわれます。そして、導体と絶縁体の中間に位置するのが半導体です。半導体は、条件によっては、電気を伝えることができる物質です。

条件とは、熱を加えたり、光をあてたりすることです。

ひと口に半導体といっても、さまざまな物質があります。シリコン（Si）やゲルマニウム（Ge）などは、1つの元素からできている単体の半導体です。

ガリウムヒ素（GaAs）のように2つ以上の元素からできているものは、化合物半導体と呼ばれます。

また、酸化チタン（$TiO_2$）や酸化亜鉛（ZnO）などは、酸化物半導体といわれます。このほかにも、太陽電池に用いれられるアモルファス半導体などがあります。

半導体はn型、p型に区別されます。n型のnは、negativeを意味し、電気的にマイナスの電子（$e^-$）を生み出す不純物を持つ半導体ということです。p型はpositiveの意味で電子のぬけがらでプラスの特性を示します。酸化チタンの場合は特別に工夫して不純物を入れなくても、結晶中の酸素がとれて不純物半導体にように働くので、n型の半導体ということができます。

**酸化チタンの特徴**

・酸化物半導体

- ・酸素欠かんで半導体性を有する。
- ・不純物を含ませることもできる。
- ・化学的に安定で、酸、アルカリにも不溶。
- ・資源的に豊富。
- ・粉末は白色だが、超微粒子になると水やアルコールにけん濁させると無色。
- ・超微粒子を基板上にコーティングし、焼成すると透明薄膜化。

chapter 1-3

# 半導体のバンド構造とバンドギャップエネルギー

半導体の特性を説明する時にバンド理論を使います。図1-2に示すような図を使って考えます。自由に動くことのできる電子が存在する伝導帯と電子のぬけがらの正孔が存在する価電子帯でできています。

価電子帯と伝導帯の間の禁制帯のエネルギー幅のことをバンドギャップといいます。

半導体に電子を増やすためには、このバンドギャップより大きなエネルギーを加えて、価電子帯にある電子を伝導帯まで引き上げなければなりません。光を照射することによって可能です。もう少し詳しく説明しますと、通常、バンドギャップの大きな半導体は、価電子帯にある電子は伝導帯まで上がることはできません。しかし、外部からエネルギー（たとえば、バンドギャップに相当する光を照射するときなど）を受け取ると、価電子帯にある電子は、伝導帯まで上がること（励起）ができ、その結果、励起された電子数に等しい空孔数（電子の抜け穴）が価電子帯に残されます。光触媒反応では酸化チタン表面に光をあてますが、この作用が図1-2で説明されています。

では、どのような光が有効かということになります。バンドギャップ以上の力をもった波長の光が必要です。図1-3を見て下さい。

ちなみに、バンドギャップエネルギー（Eg）の波長（nm）への換算は、1240÷Egという非常に簡単な計

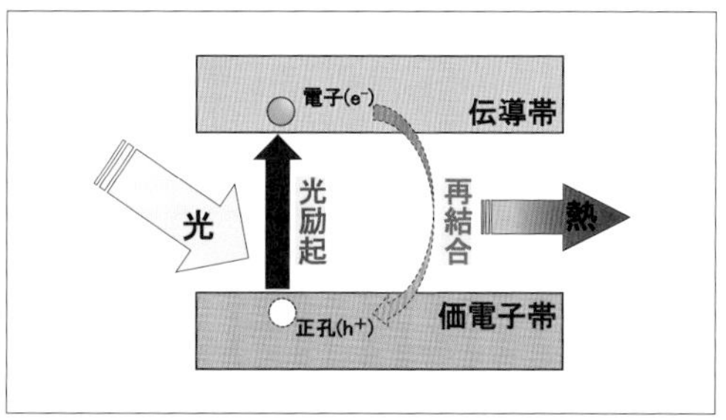


**図1-2　半導体に光を照射したときの効果**

算で行うことができます。これを用いると、酸化チタンのルチル型（Eg＝3.0 eV）は、約 413 nm、アナターゼ型（Eg＝3.2 eV）では、約 388 nm 以下の波長の光をあてることにより、価電子帯の電子を伝導帯に引き上げられることがわかります。

また、伝導帯に上がった電子の数と同じだけの正孔が価電子帯に生じます。こうしてできた正孔と伝導電子は、一部が再結合して熱を発生します。また、一部が表面に移動して表面反応を起こします。これが光触媒反応です。

半導体のバンド構造において、光触媒反応に最も影響を与える因子には、次の 3 つがあります。すなわち、①バンドギャップエネルギー Eg（伝導体の最低点と価電子帯の最高点の間のエネルギー差）、②伝導帯の最低点の位置、③価電子帯の最高点の位置です。

これらの因子は、半導体の種類によって大きく変わります。そのため、それぞれの半導体が異なる物性を示すわけです。（おもな半導体のバンド構造については 13 ページを参照）。

光触媒反応で、どのような波長の光が有効であるかを決めるのは、おもにバンドギャップエネルギーで、光触媒の酸化分解力を決めるのは、おもに価電子帯の最高点の位置です。

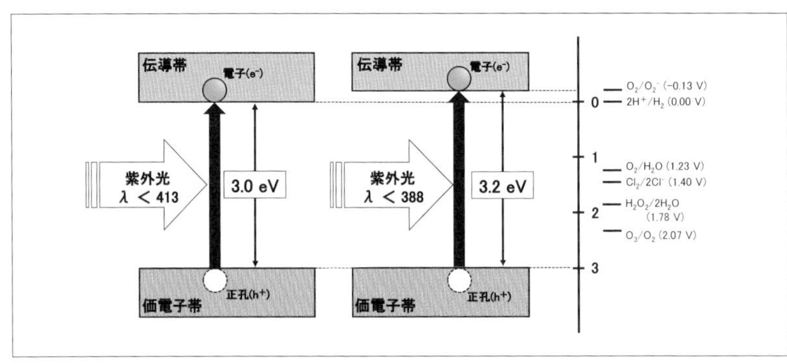


**図 1-3　ルチル型（左）とアナターゼ型（右）のバンドギャップ**

chapter 1-4

# 酸化チタン光触媒で利用するのは近紫外線

酸化チタンのバンド構造に起因して有効な光の波長がきまります。光の波長については図 1-4、1-5 に示しました。

上述のように酸化チタンは波長に直すと約 400 nm 以下の波長の近紫外線を吸収することにより、反応が進みます。それでは、現在、殺菌灯として実用化されているような、よりエネルギーの大きな 254 nm の光の場合はどうでしょうか。

この場合には、254 nm の光が生物中の構成化合物の DNA に吸収されて、ピリミジン（DNA を構成する塩基の一種）の 2 量体（ダイマー）が形成されるなど、DNA に傷害を与えることがわかっています。

酸化チタン光触媒の場合には、254 nm のようなエネルギーが大きく、人体に有害となる紫外線は必要としません。400 nm 付近の光は太陽光の中に含まれ、蛍光灯の中にも含まれていて、最近では LED もできて

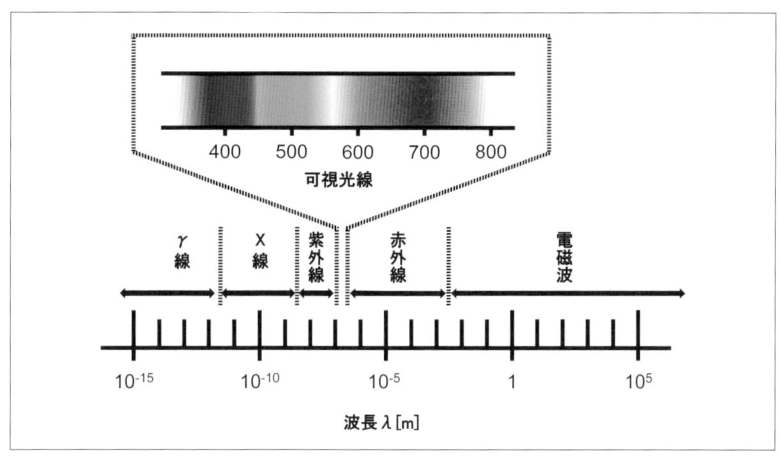


図 1-4　光のスペクトル

きています。このように酸化チタン光触媒は比較的長波長の近紫外光で反応が進行するという点で、非常にすぐれた性質を持っているということができます。

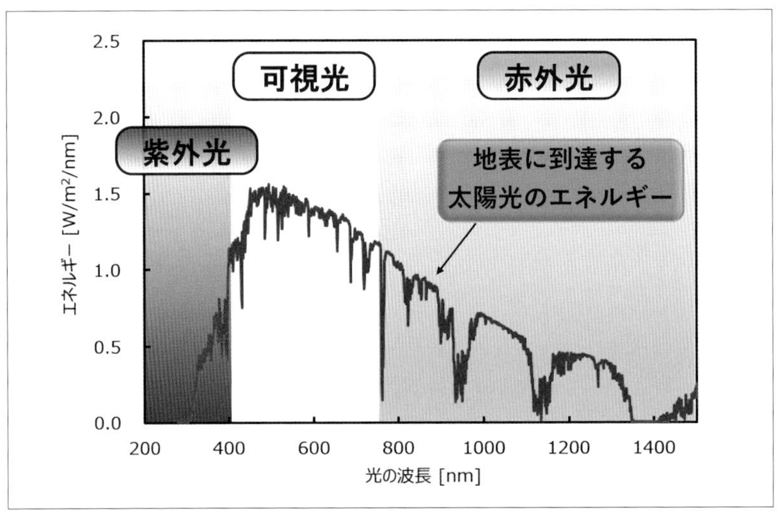


**図 1-5　地球を取り巻く光環境**

**酸化チタン光触媒の特徴**

- 400 nm より短波長の光を吸収して働く。
- 太陽光、蛍光灯の光、LED を吸収
- 表面に強い反応力が発生（ほとんどの有機物を分解する）。
- ただし表面と接するものだけに作用。
- 吸収された光子数以内の有機物を分解できる（多量のものは分解できない）。
- 酸化チタン表面に吸着した化合物だけを分解する。

chapter 1-5

# 光触媒の酸化分解反応の機構

## 光触媒の反応機構

酸化チタンに光があたって起きる光触媒の反応機構は、現在も研究されているテーマです。

一般には、表面での酸化還元反応により、種々の活性酸素が以下の①～⑤のように生成し、それらが反応中間体として作用し、表面に吸着した種々の化合物を酸化、または還元すると考えられています（図 1-6）。

① $TiO_2 + h\nu \Rightarrow e^- + h^+$
② $e^- + O_2 \Rightarrow O_2^{\cdot -}$
③ $O_2^{\cdot -} + H^+ \Leftrightarrow HO_2^{\cdot}$
④ $h^+ + H_2O \Rightarrow {}^{\cdot}OH + H^+$
⑤ $h^+ \rightarrow h_{trap}$

すなわち、酸化チタンが紫外線を吸収して、電子（$e^-$）と正孔（$h^+$）が酸化チタン内部に生成します（①）。この電子および正孔のうち、表面近くに拡散してきたものが、反応に関与します。

電子は、表面吸着酸素と反応して、スーパーオキサイドアニオン（$O_2^{\cdot -}$）が生成します（②）。この $O_2^{\cdot -}$ は、水が存在するとき、プロトン（$H^+$）と結合したベルオキシンラジカル（$HO_2^{\cdot}$）と平衡にあります（③）。

一方、正孔は吸着水と反応して、ヒドロキシラジカルを生じる（④）か、表面の原子に捕捉された状態、すなわち表面捕捉正孔（$h_{trap}$）となります（⑤）。

生成したヒドロキシラジカルが高い酸化活性機能を持つことから、光触媒酸化分解反応の主要な活性種であると考えられています。

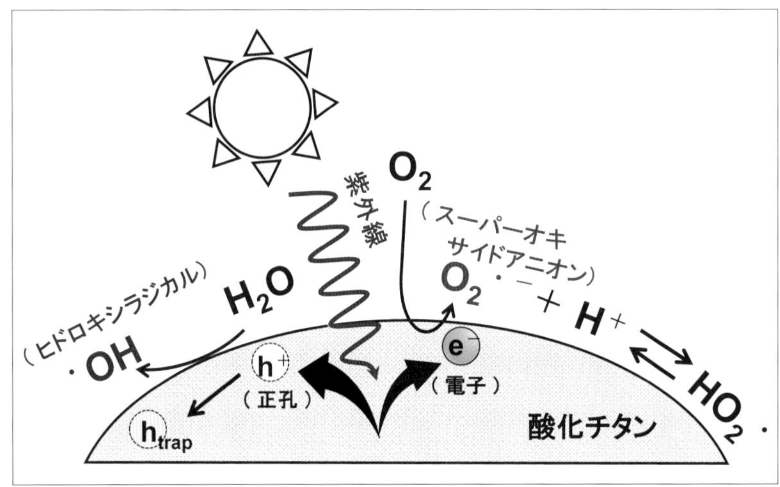
紫外線
$O_2$
（スーパーオキサイドアニオン）
$O_2\cdot^-$
＋ $H^+$
$HO_2\cdot$
（ヒドロキシラジカル）
$H_2O$
$\cdot OH$
$h^+$
（正孔）
$e^-$
（電子）
$h_{trap}$
酸化チタン

図 1-6　酸化反応機構

chapter 1-6

# 超親水性になるしくみ

「曇り」という現象は、表面に形成された無数の小さな水滴により光が「乱反射」されるために起こる現象です。十分に光照射を行った酸化チタン表面は曇りません。光照射により水に対する「濡れ性」が非常に高くなった酸化チタン表面では、水滴が表面に広がり、一様な水の膜が表面に形成されるために、光の乱反射が起こらないのです（図 1-7）。

つまり水滴が酸化するチタン表面に付いた時に、その接触角が通常の70 度～80 度から限りなく 0 度になる現象、つまり超親水性になるわけです。

光照射前の酸化チタン表面は、一様に疎水性で触媒角が大きいのですが、光照射にともなって親水性になり、最終的には一様に超親水性の表面になります。

その反応機構を調べられていて、図 1-8 のように説明されています。

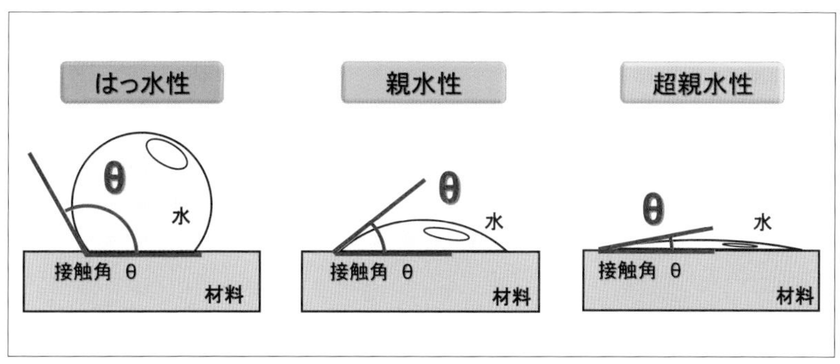


**図 1-7　接触角から見た「はっ水性」、「親水性」、「超親水性」**

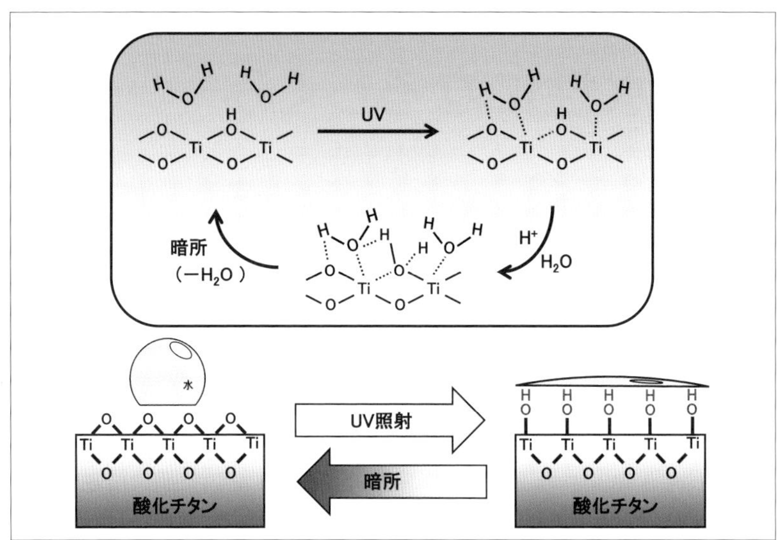


図 1-8　超親水性になるしくみ

**超親水性とは**

・水滴の表面への接触角が限りなくゼロ度 0°

・水が存在するが表面に平らに存在。

・ガラス面などが曇らない。

・油状物質を水をかけると表面からはがれる。

・いろいろの応用が考えられる。

chapter 1-7

# 酸化チタン以外の光触媒はどうか。

おもに酸化チタンについて説明してきましたが、光触媒作用のある半導体は酸化チタン以外にも、かなり多くのものが知られています。

それにもかかわらず、酸化チタンが最もよく研究され、また、実用化もされています。

図 1-9 は、おもな半導体のバンド構造を示したものです。

酸化チタンよりバンドギャップが小さな材料では、水の中で光をあてると、多くのものが自己溶解現象を起こしてしまいます。これは、光照射によって発生した正孔が自分自身を酸化することで、金属イオンが溶け出してしまうことによる現象です。

多くの半導体では、このような現象が起きるため、耐久性がなく、実用材料としては用いるのがむずかしいわけです。さらに資源的な面や毒性なども問題です。

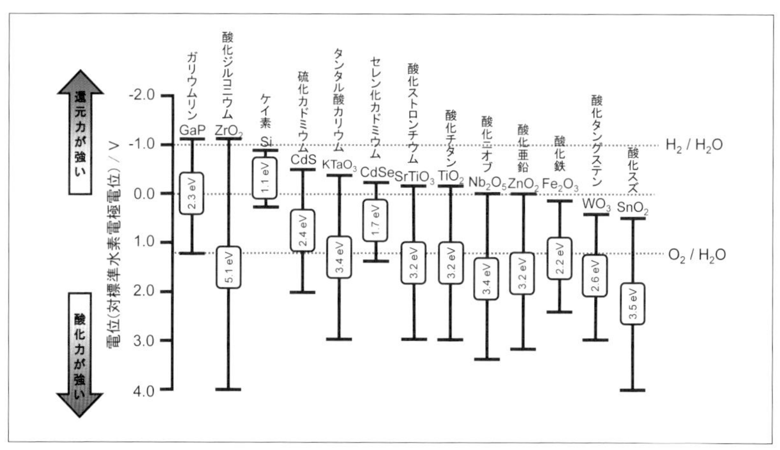


**図 1-9　各種光触媒のバンドギャップ**

### 酸化チタン以外で光触媒系として研究されているもの

・酸化物

$SrTiO_3$
$WO_3$
$Fe_2O_3$
$MoO_2$
など

水中でも安定であるが、バンドギャップが大きかったり（SrTiO3)、還元力が小さかったり（WO3）である。

・単体半導体

Si
Se
Ge

可視光を吸収できるが水中で不安定。

・化合物半導体

CdS
GaAs
GaP
InP

可視光まで吸収できるが、
分解しやすい
毒性がある
資源的に少ない
などの欠点がある。

（藤嶋　昭）

# 第2章

# 光触媒とその応用

酸化分解力と超親水性、そしてその応用

光触媒の「6 大機能」とその応用

chapter 2-1

# 酸化分解力と超親水性、そしてその応用

酸化チタン光触媒の一番の特徴は、光が当たった時にその酸化チタン表面で起こる反応です。

光触媒反応は、大きく2つに分けられます。ひとつめは、酸化チタン表面にやってくる油状有機物やバクテリア・ウィルスなどを酸化分解する反応です。

この反応は力強く、有機物なら相手を選ばずどんなものにも反応して、最終的には二酸化炭素と水にまで分解してしまうのが大きな特徴です。もうひとつは、酸化チタン表面の性質を超親水性に変化させる反応です。

超親水性とは、はっ水性と正反対の性質で、表面に水滴を作らず全体に薄い膜状に水が濡れ広がる性質です。

この2つの反応を応用して、クリーンな環境を作っていこう、というのが光触媒製品全体のコンセプトです。

産業界の中からも、この光触媒を応用していろいろな製品化を考える方々が現われ、現在のように様々な製品群を形成するまでに成長してきました。

その製品群には、おもに自分で自分をキレイにするものと、まわりの環境をキレイにするものがあります。

図2-1には光触媒が応用されるところをまとめてあります。さらに具体的な応用例は9章で示します。

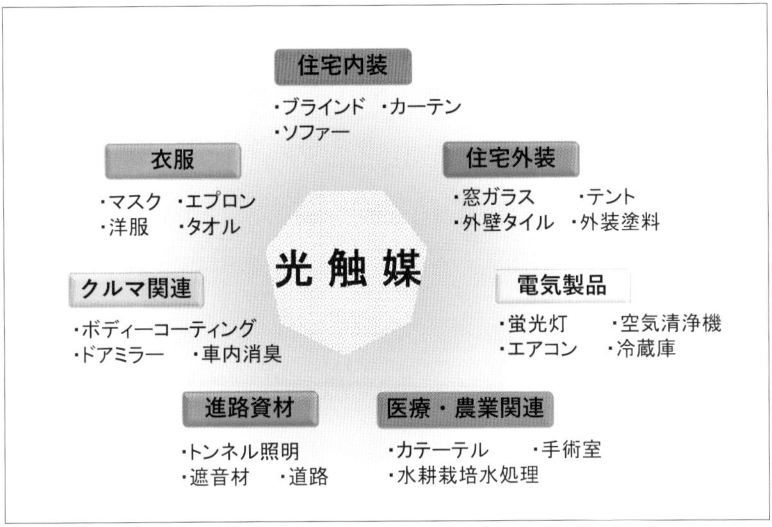

光触媒

住宅内装
・ブラインド ・カーテン
・ソファー

住宅外装
・窓ガラス ・テント
・外壁タイル ・外装塗料

電気製品
・蛍光灯 ・空気清浄機
・エアコン ・冷蔵庫

医療・農業関連
・カテーテル ・手術室
・水耕栽培水処理

道路資材
・トンネル照明
・遮音材 ・道路

クルマ関連
・ボディーコーティング
・ドアミラー ・車内消臭

衣服
・マスク ・エプロン
・洋服 ・タオル

**図 2-1　光触媒の応用例**

chapter 2-2

# 光触媒の「6大機能」とその応用

光触媒が働くときに機能面から分類してみると、おもに光触媒の表面そのものを、光触媒作用によってキレイにする性質として、

**①抗菌・抗ウィルス、**
**②防汚、**
**③防曇**

の３つの機能に分けられます。もちろん、空間に浮遊する菌まで減少させる効果があることがわかっています。

これに対して、まわりの環境をキレイにする性質としては、

**④脱臭、**
**⑤大気浄化、**
**⑥水浄化**

の３つの機能を持つものがあります。

脱臭も大気汚染も、空気をキレイにする（air purification）点では一緒ですが、ターゲットにする物質や場所が異なりますので、分けて考えることになります。

図2-2にこのことをまとめておきました。

光触媒反応がおこるためには、当然、酸化チタン表面に光があたっていることが必要です。その光もどんな光でも良いわけではなく、酸化チタンが吸収できる波長の光であり、しかもその強さも、十分考えなければなりません。図2-3には光触媒が作動する場所での光についてまと

めてあります。

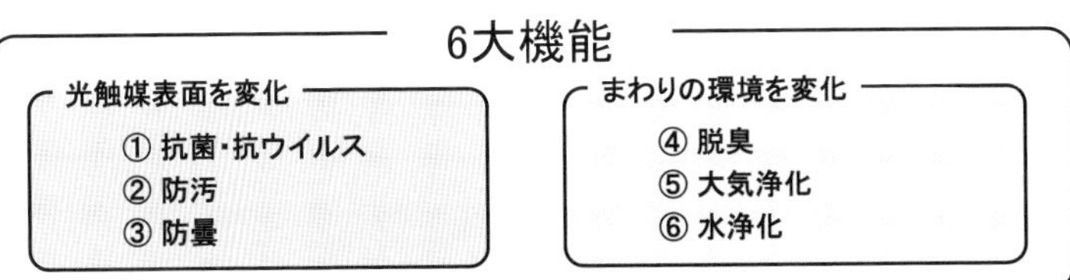


**図 2-2　光触媒の主役は２つ、酸化チタンと光**

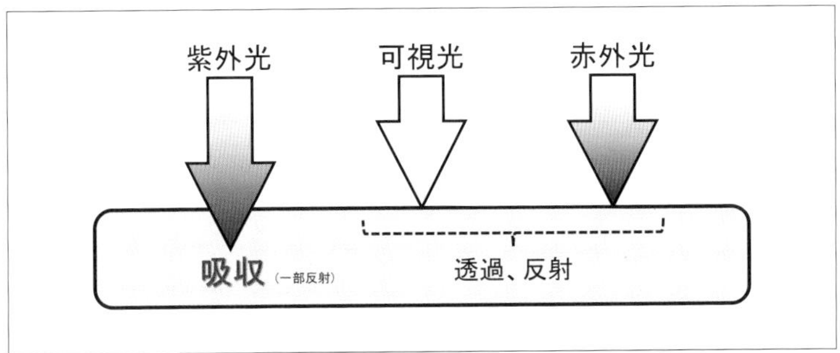


**図 2-3　酸化チタンが吸収する光**

持続可能な社会を作るべくエコでクリーンな技術としての光触媒が活躍してます。（本書「はじめに」より）

**図 2-4　持続可能な開発目標（SDGs）**

出典　国連連合広報センターHP

（藤嶋　昭）

# 第3章

# コーティング剤の準備

chapter 3-1

# 酸化チタンの粒子径と分類、ナノ粒子の作り方

酸化チタンは、古くから塗料・インキ・樹脂などに添加する顔料として使われており、国内生産量は年間数十万トンにおよびます。ただし、これらは粒子径が数百nm*程度で、光触媒として使われる酸化チタンは、それより1桁小さい大きさです。光は、第1章の図1-4に示した通り、波の性質をもっており、波の長さ（波長）に応じて、紫外線や可視光線など、特徴が決まります。この光の波が、酸化チタン粒子にぶつかると、波が四方八方に散らばります（散乱*といいます）。大きな波（波長の長い波）は大きな粒子、小さな波は小さな粒子によって散乱されやすいので、その性質を利用して、酸化チタンの粒径ごとに応用先があります（図3-1）。

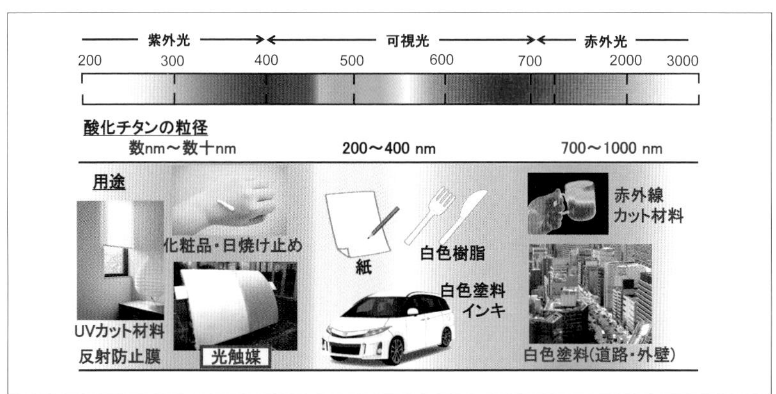


図3-1　酸化チタンの粒子径と光の波長の関係、主な用途

＊**nm（ナノメートル）**:「ナノ」は$10^{-9}$（=0.000000001）を表す言葉。1nmは、0.000001mm（ミリメートル）に相当。また、1nmは、10Å（オングストローム）に相当。新型コロナウイルスの直径はおよそ100nm。「ナノテクノロジー」とは、ウイルスよりも小さい原子や分子を扱う、非常に小さな科学技術領域を指す言葉。

＊**光の散乱**：粒径200～400 nmの酸化チタン粒子が白く見えるのは、可視光線をすべて散乱させているから。粒径は大きく違うが、雲が白く見えるのも、可視光線をすべて散乱させるから。粒径が6～50 nmの酸化チタン粒子は、可視光線のうち青い光を散乱させるので、水に分散させると青く見える。これも粒径は大きく違うが、空が青く見えるのも、空気の分子が青い光を散乱させるから。この原理を利用すると、右の写真のように「青空と夕焼け」を作ることができる。ここでは、酸化チタンナノ粒子を水に分散させて円筒に入れ、下から電灯で照らしている。電灯の光に含まれる青い光が下の方で散乱されて「青空」をつくり、上の方は、青い光がなくなって残った赤い光が「夕焼け」をつくる。たんぱく質の多い牛乳などを使っても、同じ実験ができる。

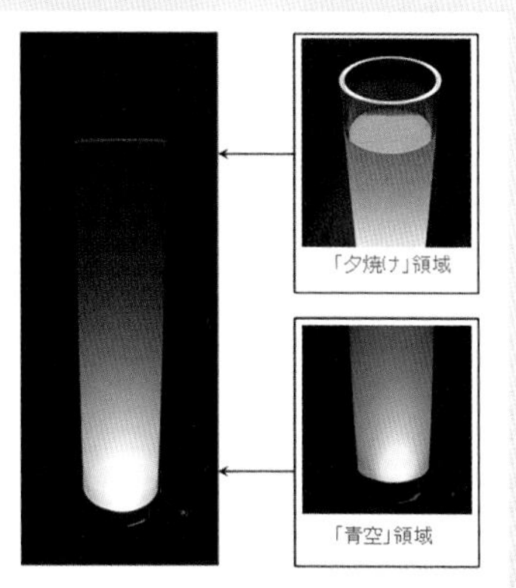


つまり、光触媒用の酸化チタンは"ナノサイズ酸化チタン"に分類され、前述の顔料用途の酸化チタンとは製法が異なります。図3-2に、顔料用途の酸化チタンとナノサイズ酸化チタンの製法の違いを示します。

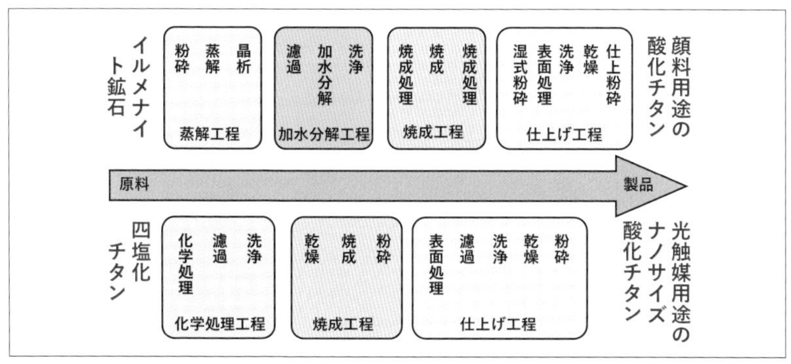


**図3-2　顔料用途の酸化チタン（上）とナノサイズ酸化チタン（下）の製法の違い**

chapter 3-2

# 酸化チタンコーティング剤の種類



光触媒用酸化チタンは、数 nm ～数十 nm の粒径をもつ微粒子の状態で存在しており、そのまま水の浄化などに用いると、処理後に濾過フィルタ等で酸化チタン微粒子を除去しなくてはなりません。したがって、実用性の観点から、酸化チタン微粒子を基材表面に固着させる（つまり、コーティングする）必要があります。その場合、一般的には2通りの方法があります（図 3-3）。

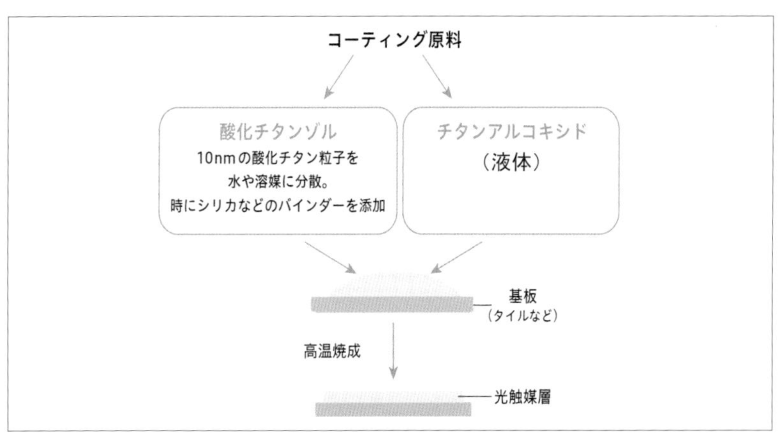


**図 3-3　2 種類のコーティング方法**

1つ目はゾル - ゲル法です。ゾル（ある物質が流動性をもって分散している状態。牛乳やマヨネーズは、たんぱく質や脂質が分散したゾルの一種）から、溶媒部分をとりのぞくことで、流動性のないゲル（ある物質が流動性をもたずに分散している状態。豆腐やこんにゃくは、たんぱく質や糖類が分散したゾルの一種）に変化させる方法です。酸化チタンゾルは、10 nm 程度の微細な酸化チタン粒子を水やアルコール溶媒に分散させたもので、これを基板表面にコーティングすると、やがてゲル化し、透明な薄膜となります。さらに、そのまま焼きつけることで、透明な光触媒薄膜が得られます。2つ目は、化学反応によって酸化チタンになる物質（前駆体といいます）を用いる方法です。チタンとアルコールとの化合物（チタンアルコキシド。$Ti(OCH_2CH_3)_4$ など。これはチタンとエタノールとの化合物で、チタンテトラエトキシドという）などがよく用いられます。これをアルコール溶媒に溶かしてコーティングすると、ガラスのような状態の酸化チタン薄膜を形成します（コーティング方法は、第4章参照）。これを数百℃で焼くことで、透明な結晶質の酸化チタンを得ることができます。いずれにしても、酸化チタンゾルやチタンアルコキシドは、高温で焼きつけないと基板上に固着しません。そこで、酸化チタンゾルに常温近くで硬化するバインダー（接着剤）を加えた酸化チタンコーティング液も開発されています。バインダーには、酸化チタンの光触媒反応によって分解しない無機系のもの（シリカなど）が多く使われています。このように、色々なコーティング液が開発され、様々な材料の表面に酸化チタンを固定できるようになってきました。また、近年は、水溶性のペルオキソチタン酸（$Ti(OOH)(OH)_3$）を前駆体として用いることで、溶媒を水系としたコーティング剤もあります。これは、有機溶剤による基材の損傷を起こすことなくコーティングできるので、プラスチック基材などにもコーティングできるというメリットがあります。章末の表に、光触媒工業会でPIAJ認証を受けている（第14章参照）コーティング液をまとめました。

chapter 3-3

# 酸化チタンコーティング剤の調製例



酸化チタン粉末をつかうコーティング液調製の一例を示します。(大谷文章『光触媒標準研究法』(東京図書、2005年)の記述を参考に、筆者が実験)。これを刷毛などでコーティングすれば、酸化チタン薄膜をつくることができます。

1 材料として、2-プロパノール100mL、チタン(Ⅳ)テトラ-2-プロポキシド($Ti(OPr^i)_4$)1g、酸化チタン粉末4gを準備。

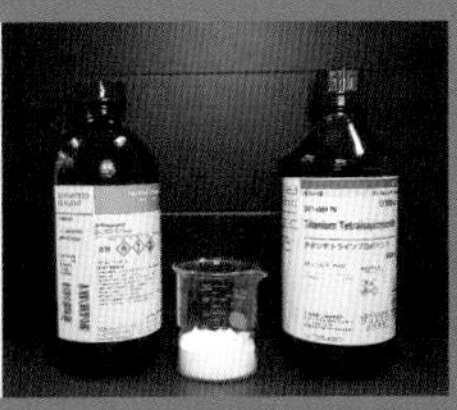

2 2-プロパノール50mLをビーカーに入れ、マグネチックスターラーで撹拌しながら、チタン(Ⅳ)テトラ-2-プロポキシド1gをパスツールピペットなどでゆっくりと滴下し、室温で一晩撹拌をつづける。

3 一晩撹拌後(やや白濁した状態になる)、さらに50mLの2-プロパノールを加える。

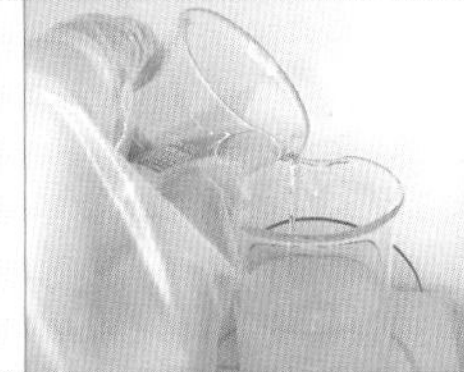

4 さらに酸化チタン4gを加え、数時間撹拌して完成。

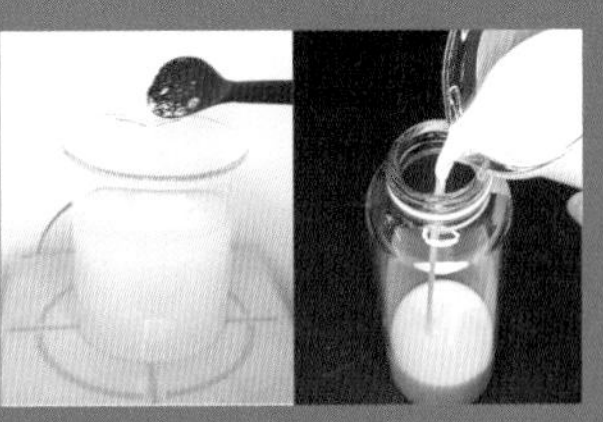

チタン（Ⅳ）テトラ-2-プロポキシドは、コーティング後に、空気中の水分と反応したり、加熱時に分解して、酸化チタンのネットワークを形成します。このネットワークが、酸化チタン粒子同士や、酸化チタン粒子と基板をつなぎとめるはたらきをします。

ここで、基材がガラス材料として最もよく使われるソーダライムガラスの場合、焼結中にガラス中のナトリウムが拡散して酸化チタンと反応し、光触媒の性質を示さないチタン酸ナトリウム（$Na_2TiO_3$）を生成してしまうことがあります。この場合、光触媒の性質が失われないよう、基材のガラスと酸化チタン層の間にシリカ（$SiO_2$）層を挿入します。すると、緻密なシリカ層がナトリウムの拡散を防ぎ、表面の光触媒層を保護します。通常のペンキ表面へのシリカ導入の必要性や、繊維状基材への酸化チタンを導入するときのシリカの役割を、図3-4にまとめました。

このように、シリカ中間層を設けるための「アンダーコート剤」をコーティングしてから、光触媒層を設けるための「トップコート剤」をコーティングする2段階式のコーティング方法も、よく用いられています。

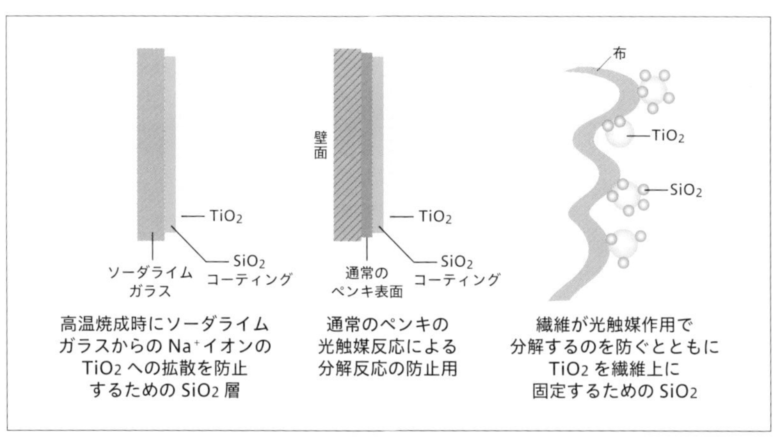


**図3-4　シリカ中間層の役割**

出典：藤嶋昭『第一人者が明かす光触媒のすべて』（ダイヤモンド社、2017年）

そのほか、PETなどのポリマーフィルムへ光触媒をコーティングする場合には、フィルム自体の光触媒劣化を防ぎ、かつ、フィルムと光触媒層の密着性を高めるため、中間に接着層として、有機物と無機物が分子レベルで混合したハイブリッドポリマーを用います（図3-5）。有機物であるポリマーフィルムとの接触面では有機成分のみ、酸化チタンとの接触面では無機成分のみで形成され、およそ100 nmの層の中で有機成分から無機成分へと組成が連続的に変化する構造傾斜性を持たせることができる成膜技術が開発されています。このように、最新のナノレベルでのマテリアルサイエンスの発展が、光触媒の産業化を強力に後押ししています。

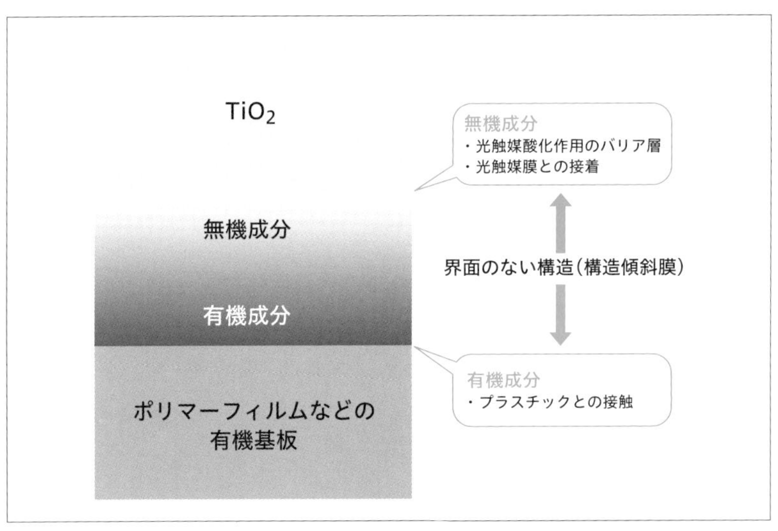


**図3-5　構造傾斜膜断面の模式図**

出典：藤嶋昭『第一人者が明かす光触媒のすべて』（ダイヤモンド社、2017年）

# 光触媒工業会のPIAJマーク登録製品

## 光触媒コーティング液一覧

| 企業名 | 製品名・表示 | 確認済性能・用途 | 問合せ先 | Tel |
|---|---|---|---|---|
| エイチ・エム エンジニアーズ株式会社 | ティオコートC・A・G | (セルフクリーニング)対象基材:タイル・ガラス・アクリルシート・ポリウレタン (空気浄化(NOx))対象基材:ガラス | 環境開発部 | 048-442-9800 |
| カワモリ産業株式会社 | TTAリヒトコート | セルフクリーニング効果:UV | 代表 | 048-997-6561 |
| ナガムネコーポレーション株式会社 | ハンノウコートBP | 対象基材:セルフ(ガラス、タイル)、空気浄化(窒素酸化物)(コンクリート) | 代表 | 055-951-5420 |
| | ハンノウコートBP-SMA | セルフクリーニング効果:UV、空気浄化効果:UV(窒素酸化物)、対象基材:ガラス、タイル | | |
| | ハンノウコートCR-50K | セルフクリーニング効果:UV、対象基材:ガラス、タイル | | |
| | ハンノウコートDC | 抗菌効果:UV、空気浄化効果:UV(アセトアルデヒド)、空気浄化効果:UV(トルエン)、対象基材・空気浄化:塩ビ壁紙・抗菌:ガラス、タイル | | |
| | ハンノウコートFB | 空気浄化効果:UV(アセトアルデヒド)、空気浄化効果:UV(トルエン)、対象基材:塩ビ壁紙 | | |
| 株式会社NPコーポレーション | エコクリーン | 空気浄化効果:UV(アセトアルデヒド) | 本社営業部 | 072-744-3647 |
| | セルフガード | セルフクリーニング効果:UV | | |
| 株式会社PGSホーム | スーパーチタンプロテクト | セルフクリーニング効果:UV、空気浄化効果:UV(窒素酸化物) | 業務・品質管理部 | 06-6981-3914 |
| 株式会社TWO | keskin | 空気浄化効果:UV(アセトアルデヒド)、抗菌効果:可視光 | 代表 | 03-6869-0010 |
| 株式会社エコート | ミラクルチタン光触媒コートM2 | セルフクリーニング効果:UV、タイル面、アルミニウム面、塗装面 | 営業部 | 082-961-3151 |

## 光触媒コーティング液一覧

| 企業名 | 製品名·表示 | 確認済性能·用途 | 問合せ先 | Tel |
|---|---|---|---|---|
| 株式会社エコテック | パーフェクトクリーンコート | 空気浄化効果:UV(VOC、アセトアルデヒド、ホルムアルデヒド、トルエン等) | 代表 | 045-478-2920 |
| 株式会社エムエージャパン | ティオスカイコートA·ティオスカイコートC | セルフクリーニング効果:UV | 製造部 | 0952-37-5512 |
| 株式会社ガイア | 光触媒加工液GCT-2 | 抗菌効果:UV、ポリエステルレース·カーテン用 | 代表 | 03-5875-5851 |
| 株式会社カタライズ | ヒカリアクターH1(RS-H1) | 抗菌効果:UV、ガラス、タイル等の無機系内装材表面 | 技術開発部 | 044-201-7451 |
| | ヒカリアクターG2(RS-G2) | 抗菌効果:UV、対象基材:繊維(綿系) | | |
| | ヒカリアクターRS-H2 | 空気浄化効果:UV(アセトアルデヒド)、繊維(綿系)、ガラス | | |
| | ヒカリアクターRS-H3 | 抗菌効果:UV | | |
| | ヒカリアクターRS-V4 | 抗菌効果:可視光 | | |
| | RS-A5(スーパー光ミスト中身液) | 空気浄化効果:UV(VOC、アセトアルデヒド、ホルムアルデヒド、トルエン等) | | |
| | ヒカリアクターRS-G3 | 抗ウイルス効果:UV | | |
| 株式会社セブンケミカル | セブンチタニック | セルフクリーニング効果:UV、対象基材:釉薬タイルやガラス質表面等(無機質表面) | 代表 | 03-3366-2616 |
| | セブンチタニック+セブンチタニックプライマー(下塗り) | セルフクリーニング効果:UV、対象基材:塗膜表面等(有機質表面) | | |
| 株式会社ソウマ | パルクコート ST | タイル面、ガラス面(セルフクリーニング·UV)·抗菌(UV)·空気浄化(アセトアルデヒド·UV)、有機·無機塗装面(セルフクリーニング·UV) | 代表 | 03-5638-3839 |
| | PALCCOAT VLAG | 空気浄化効果:UV(アセトアルデヒド)、空気浄化効果:UV(ホルムアルデヒド) | | |

| 企業名 | 製品名·表示 | 確認済性能·用途 | 問合せ先 | Tel |
|---|---|---|---|---|
| 株式会社タカハラコーポレーション | サンライトフォトコート TYA-30F | 抗菌効果:UV、空気浄化効果:UV(アセトアルデヒド)、繊維(綿,)用 | 営業部 | 052-325-7725 |
| | サンライトフォトコート TYA-30Fポリエステル | 抗菌効果:UV、空気浄化効果:UV(アセトアルデヒド)、繊維生地(ポリエステル) | | |
| | サンライトフォトコート TYA-10GW | 抗菌効果:UV、抗ウイルス効果:UV、壁紙表面 | | |
| | サンライトティオコート TTC-40GA | (セルフクリーニング)対象基材:タイル·ガラス·アクリルシート·ポリウレタン(空気浄化(NOx))対象基材:ガラス | | |
| | サンライトティオコート TTC-40HL | 抗菌効果:UV、空気浄化効果:UV(アセトアルデヒド)、空気浄化効果:UV(トルエン)、空気浄化効果:UV(ホルムアルデヒド) | | |
| 株式会社ナノウェイヴ | NWコート「HM-05」 | 空気浄化効果:UV(アセトアルデヒド)、アクリル樹脂面 | 東京事務所 | 03-6908-9851 |
| | NWコート「NW-1」 | セルフクリーニング効果:UV、アクリルシリコン樹脂面 | | |
| | NWコート「NWクリアー」 | セルフクリーニング効果:UV、外装用(ガラス面) | | |
| 株式会社ピアレックス·テクノロジーズ | ピュアコート水性 | セルフクリーニング効果:UV、対象基材:外装材塗膜表面 | 営業部 広報担当 | 0725-22-5361 |
| | ピュアコート溶剤 | セルフクリーニング効果:UV、対象基材:外装材塗膜表面 | | |
| 株式会社ユーディー | フラッシュクリーン | 空気浄化効果:UV(アセトアルデヒド)、壁、天井の内装仕上げ材 | 代表 | 044-813-1112 |
| 株式会社リレース | 光触媒ハイブリッド銀チタン Kilays(キレース) | 空気浄化効果:UV(アセトアルデヒド) | 品質管理部 | 048-990-1771 |
| 株式会社鶴弥 | スーパートライ110シリーズ·エース·スーパーエースシリーズ | セルフクリーニング効果:UV、銀系色、マット色、光沢色 | 開発部 | 0569-77-0797 |
| 株式会社木下抗菌サービス | キノシールド | 空気浄化効果:UV(VOC、アセトアルデヒド、ホルムアルデヒド、トルエン等) | 代表 | 0120-626-678 |

光触媒コーティング液一覧

| 企業名 | 製品名・表示 | 確認済性能・用途 | 問合せ先 | Tel |
|---|---|---|---|---|
| 丸昌産業株式会社 | 光触媒M-クリーン M-5タイプ | セルフクリーニング効果:UV | 新規開発事業部 | 0283-22-1901 |
| | 光触媒M-クリーン M-6タイプ | セルフクリーニング効果:UV | | |
| 玄々化学工業株式会社 | ナノテクコート | セルフクリーニング効果:UV、アクリルシリコン樹脂面 | 代表 | 0567-28-9200 |
| 五大化成株式会社 | ウエルコート | 抗菌効果:UV、空気浄化効果:UV(ホルムアルデヒド) | 代表 | 06-7500-6878 |
| 光触媒サンブレス株式会社 | 光触媒スプレー | 抗菌効果:UV、空気浄化効果:UV(アセトアルデヒド)、空気浄化効果:UV(トルエン)、空気浄化効果:UV(ホルムアルデヒド) | 営業部 | 0766-28-0120 |
| | 光触媒スプレーIN | 抗菌効果:可視光 | | |
| 信越化学工業株式会社 | 光触媒コーティング剤　Tersus EN | セルフクリーニング効果:UV | 国際事業本部営業部 | 03-3246-5310 |
| | 光触媒コーティング剤　Tersus EG | セルフクリーニング効果:UV | | |
| | 光触媒コーティング剤　Tersus IN | 空気浄化効果:UV(アセトアルデヒド)、抗菌効果:可視光 | | |
| 石原産業株式会社 | 光触媒コーティング剤 ST-K253 | セルフクリーニング効果:UV、抗菌効果:UV、ガラス表面 | 無機化学営業本部　無機材料営業部 | 03-6256-9200 |
| | 光触媒コーティング剤ST-K261 | セルフクリーニング効果:UV、ガラス表面 | | |
| | 光触媒コーティング剤ST-K271 | セルフクリーニング効果:UV | | |
| | 光触媒コーティング剤 ST-K254 | セルフクリーニング効果:UV、抗菌効果:UV、ガラス表面 | | |
| 日本ペイントホールディングス株式会社 | ニッペ　パーフェクトインテリア　エアークリーン | 抗菌効果:可視光、抗ウィルス効果:可視光 | 東京事業所R&D本部　次世代技術研究所 | 03-3740-1142 |
| | PROTECTONインテリアペイントプレミアム | 抗菌効果:可視光、抗ウィルス効果:可視光 | | |

| 企業名 | 製品名・表示 | 確認済性能・用途 | 問合せ先 | Tel |
|---|---|---|---|---|
| 日本光触媒センター株式会社 | サガンコート光触媒コーティング剤 TPX85 | (セルフクリーニング・UV)対象基材:タイル・ガラス・アクリルシート・ポリウレタン(空気浄化(NOx)・UV)対象基材:ガラス | 生産部 | 0954-20-7115 |
| | DINFHKON(ディンフコン) | (空気浄化(アセトアルデヒド)・UV)対象基材:タイル | | |
| | Blockin/ サガンコート TPX-HL | 抗菌効果:UV、空気浄化効果:UV(アセトアルデヒド)、空気浄化効果:UV(トルエン)、タイル、ガラス、繊維(ポリエステル) | | |
| | サガンコート光触媒コーティング剤TPX-MO | セルフクリーニング効果:UV、抗菌効果:UV、磁器質セラミックス | | |
| | サガンコート光触媒コーティング剤　TPX-FxFC | セルフクリーニング効果:UV、抗菌効果:UV、対象基材:PET | | |
| | サガンコート光触媒コーティング剤 TPX-HP | セルフクリーニング効果:UV、対象基材:ガラス | | |
| 日本曹達株式会社 | ビストレイターL NRC-360C | セルフクリーニング効果:UV、空気浄化効果:UV(窒素酸化物)、空気浄化効果:UV(アセトアルデヒド)、屋外塗装面 | 機能化学品事業部 | 03-3245-6356 |
| | ビストレイターL NRC-370C | セルフクリーニング効果:UV、空気浄化効果:UV(窒素酸化物)、空気浄化効果:UV(アセトアルデヒド)、屋外塗装面 | | |
| 豊田通商株式会社 | 光触媒コーティング材VCT II C-01SQC | 抗菌効果:UV、対象基材:塩ビ壁紙 | 機能材・セイフティ事業部 | 052-584-8981 |
| | 光触媒コーティング液 VCT IIC-01SQC | 抗菌効果:可視光 | | |
| 廣瀬又一株式会社 | 繊維用光触媒加工液 GCT-2 ガイア加工液 | 抗菌効果:UV、繊維生地ポリエステル | 営業3部 | 03-3255-6333 |

2020年12月28日現在、光触媒工業会ホームページより
https://www.piaj.gr.jp/piaj_product/list.html

(落合　剛)

# 第4章

# コーティング法

コーティング法の種類
含浸法
刷毛塗り法
スプレーコート法
ロールコート法
スピンコート法
ディップコート法
スパッタリング法
真空蒸着法
イオンプレーティング法
CVD 法

chapter 4-1

# コーティング法の種類

光触媒を基材にコーティングする方法は、図 4-1 に示したように大きく 2 つに分けられます。

ひとつは、基材に光触媒コーティング液を直接塗布する「ウェットプロセス法」で、含浸法、刷毛塗り法、スプレーコート法、ロールコート法、スピンコート法、ディップコート法などの手法があります。これらの手法は、設備の初期投資に係る費用が少なく、比較的気軽にコーティングを行える特徴があります。そのため、数センチサイズの基板から実際の建造物への塗布まで幅広い対象に用いられています。

もうひとつは、主に真空中で基材に光触媒をコートする「ドライプロセス法」で、スパッタリング法、真空蒸着法、イオンプレーティング法、CVD 法（化学蒸着法）などが含まれます。これらの手法は設備投資に費用がかかりますが、緻密で硬いコーティング層を作れる利点があります。

| ウェットプロセス（初期費用は少ない） | ドライプロセス（設備が高価） |
|---|---|
| 含浸法 | スパッタリング法 |
| 刷毛塗り法 | 真空蒸着法 |
| スプレーコート法 | イオンプレーティング法 |
| ロールコート法 | CVD 法 |
| スピンコート法 | |
| ディップコート法 | |

**図 4-1　コーティング手法の一覧**

chapter 4-2

# 含浸法

含浸法は被塗物をコーティング液に浸した後、引き上げて乾燥させることで成膜する手法です。簡便な手法ですが、引き下作業を精密に行うことで、再現性良く均一な膜が成膜できます（詳しくはchapter 4-7のディップコート法を参照して下さい）。

被塗物が棒状の場合、余分な塗料をゴム材やシール材でしごき取る「しごき塗り」が用いられます。図4-2に示すように、被塗物を移動させる方式と、コーティング液を移動させる方式があります。棒状のように形状が一定な物に対しては、一度で全体を均一に濡ることができます。ただし、試料をしごき取るため、一度に濡れるコーティング液の量が少なく膜厚不足になるため、何度も塗り重ねる必要があります。

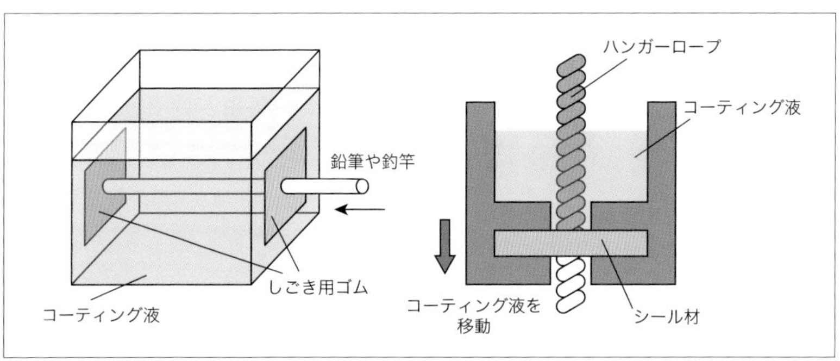


**図 4-2　しごき塗りの概略図**

# 刷毛塗り法

刷毛塗りは古くから行われてきたコーティング法で、様々な形状の被塗物に使用することが出来ます。コーティング材を無駄なく使えるエコな手法でもあり、乾燥の遅いコーティング材の塗布に適しています。刷毛塗り法は以下の4段階から成ります。



### 1 コーティング材の含み（含ませ）

刷毛の毛先から毛たけの2/3程度コーティング液を含ませます。毛先を軽くたたき、液がたれないようにします。

### 2 コーティング材を塗る（塗付け）

刷毛の毛先を使ってコーティング剤を被塗物に塗ります。薄く塗りたい場合は、被塗物に対して刷毛をほぼ垂直になるようにします。水平面の場合は左右に塗り、垂直面の場合は下から上に一刷毛ごと塗ります。面積が広い場合は、ある程度の面積（約80 cm四方）に区分分けをし、区分ごとに塗ります。長短がある場合は、長手方向に塗ります。

### 3 コーティング材を平滑にならす（ならし）

塗りつけの終わった刷毛を配りの方向とは垂直に動かし、コーティング層の厚みを均一化します。

### 4 刷毛目を通す（むら切り）

均一な厚みにするために、また、刷毛目を整えるための工程です。毛先を整えた刷毛で、隅から隅まで平行に刷毛目を通します。

刷毛塗り法は簡便な方法ですが、美しく仕上げるためには熟練した技能が必要です。

chapter 4-4

# スプレーコート法

スプレーコート（spray coating）法はコーティング液を霧のような小さな微粒子にして被塗物に吹き付ける方法で、吹き付け塗装または噴霧塗装ともよばれます。圧縮空気を利用してコーティング液を吹き付ける方法で、作業能率が良く、広い部分にも均一なコーティングができます。また、刷毛塗りが困難な形状の物に対しても、美しく塗装することが可能です。

スプレー塗装機は、エアスプレーガンと空気圧縮機から構成されています。エアスプレーガンは圧縮空気とコーティング液を混合させる機械工具で、コーティング液と空気が混合する場所により、内部混合式と外部混合式に分けられます（図 4-3）。内部混合式ガンでは、空気はコーティング液をひも状に引きちぎると同時に、被塗物まで運ぶ役目をします。塗装面がザラザラとした仕上がりになるため、外壁に模様をつけるリシン仕上げやタイル仕上げに用いられますが、光触媒コーティングには向いていません。

一方、外部混合式ガンでは、コーティング液が空気と初めて接する場

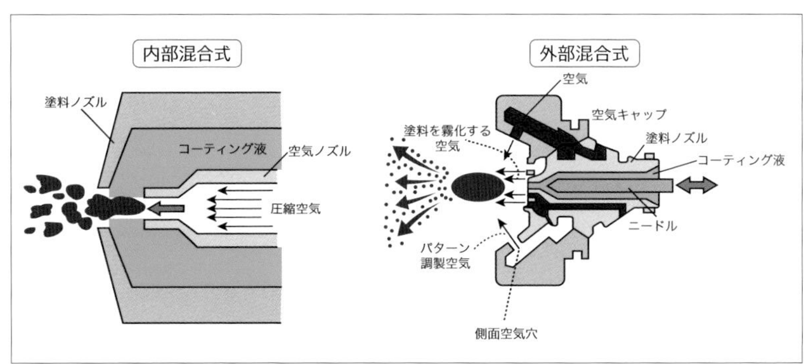


**図 4-3　エアスプレーガンの概略図**

所がガン外部にあり、コーティング液を霧化粒子化する事が可能です。噴霧粒子のサイズは、送り込む空気の圧力で自由に調節でき、噴霧粒子が小さいほど、一般に塗装面の鏡面光沢度は高くなります。しかし、跳ね返りも多くなるので、霧化粒子がある程度の大きさの範囲に収まるように空気圧を設定します。

既存の建造物壁面など大面積のコーティングに適した手法ですが、塗布した光触媒膜の平滑性や透明性は作業者の腕に依存するため、高品質の光触媒膜を再現性良く成膜するためには、ある程度の経験が必要です。また、コーティング液をまき散らすため、コーティング液のロスが多いことや塗りたくない面に養生（マスキング）が必要な点も欠点に上げられます。

chapter 4-5

# ロールコート法

ロールコート（roll coating）法は、ローラーを用いて均一な液膜を作製し、転写する成膜方法です。図4-4に示したように、ピックアップロールでコーティング液を均一に巻き上げた後、膜厚調整の役目をするドクターロールに移送されます。均一な厚みの液膜状態を保ったままコーティングロールに移動し、このロールから被塗物に転写されます。

ロールコーターにはコーティングロールと被塗物の移動方法が同じ「ナチュラル型」と、異なる「リバース型」があります（図4-4）。ナチュラル型では、ドクターロールで均一化した液膜の断面を引き裂くように、被塗物にコーティング液を押し広げていきます。そのため、ロール目が残りやすく膜厚の調整が難しくなります。一方、リバース型では、ヘラと被塗物が反対方向に動いているような状態になるため、ロール目がつきにくく、均一な膜厚が得られます。

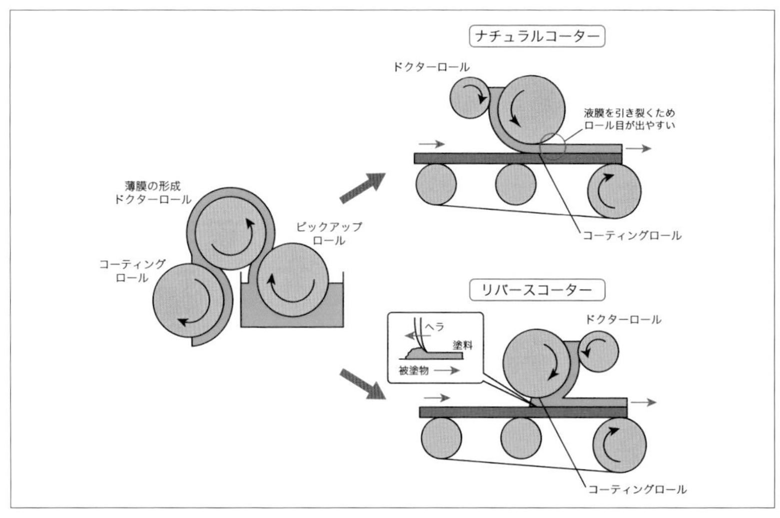


**図4-4　ロールコーターの概略図**

chapter 4-6

# スピンコート法

スピンコート（spin coating）法は、板状の被塗物上面にコーティング液を乗せた後、高速回転させることで発生する遠心力を利用して薄膜を作る方法です（図4-5）。板状被塗物の表面がコーティング液に濡れることを利用する成膜方法のため、表面がコーティング液になじみやすいことが重要です。

コーティング液が遠心力で広がるとともに溶媒が揮発し、粘度が上昇していくとコーティング液がゲル化（流動性がなくなった状態）し薄膜が形成されます。回転している板状被塗物上のコーティング液が遠心力と粘性力で釣り合っていると仮定し、Newtonの粘性法則から遠心力方向の速度と流量を求め、膜厚の時間変化の関係式を算出すると、理論上の膜厚（$h$）は

$$h = \frac{h_0}{\sqrt{1 + \frac{4\omega_0 h_0^2}{3\nu} t}}$$

で表されます。ここで、$h_0$は初期膜厚、$\omega_0$は回転速度、$t$は回転時間、$\nu$は動粘度で粘度（$\mu$）と密度（$\rho$）を用いて、

$$\nu = \frac{\mu}{\rho}$$

で、表される量です。したがって、コーティング液の粘度が高いほど膜厚は厚くなる一方、回転速度が速いほど膜厚は薄くなります。また、回転時間が長いほど薄い膜が得られますが、回転速度に応じた膜厚に収束するため、膜厚は薄くなり続けはしません。

スピンコート法は簡便で比較的再現性の良い成膜手法ですが、余分なコーティング液が飛び散るため、コーティング液のロスが多いことが欠点としてあげられます。

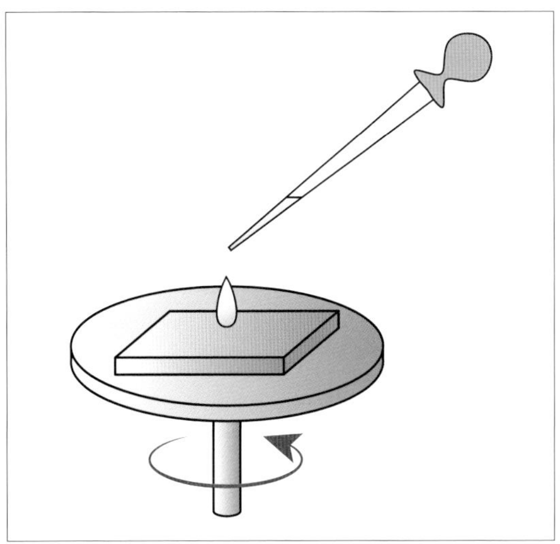

**図 4-5　スピンコート法の概略図**

chapter 4-7

# ディップコート法

ディップコート（dip coating）法は、被塗物をコーティング液に浸した後、一定速度で引き上げることで薄膜を作製する方法です（図4-6）。スピンコート法同様、ディップコート法も被塗物とコーティング液のなじみやすさが重要になります。

コーティング液から被塗物を引き上げると、コーティング液が被塗物表面に引きつけられて液面に上がりますが、その際、溶媒が揮発しゲル化することで薄膜が形成されます。そのため、薄膜の厚さはコーティング液の粘度と引き上げ速度によって決まります。

引き上げ速度が速く粘度が高い場合は、膜厚（$h$）は粘性抵抗と重力のバランスで決定され、

$$h = C\sqrt{\frac{\eta U}{\rho g}}$$

と表されます。一方、引き上げ速度が十分に遅く、粘度が低い場合は気体－液体の界面での表面張力が膜厚を支配し、以下のような関係式が成り立ちます。

$$h = \frac{0.94 \times (\eta U)^{2/3}}{\gamma^{1/6}\sqrt{\rho g}}$$

ここで、$C$は係数、$U$は引き上げ速度、$\eta$は動粘度、$\rho$はコーティング液の密度、$\gamma$は表面張力（ディップコーティング法で使用されるNewton流体では0.8）になります。これらの式から、コーティング液の粘度が高いほど、また引き上げ速度が速いほど厚い膜ができることがわかりま

す。

コーティング液の粘度が高いほど厚い膜ができるため、コーティング液の粘度を上げるために増粘剤を添加することもあります。増粘剤の多くは、比較的高分子量、高沸点の有機化合物です。しかし、コーティング液の粘度が高くなると溶媒が蒸発しにくくなるため、ゲル中に残存する溶媒（および増粘剤などの添加物）の量も多くなります。このため、膜を焼成（熱処理）して溶媒や有機化合物を除去する際に、ひび割れが生じたり、膜の均一性が悪くなることがあります。これを避けるためには、低粘度のコーティング液を用いた薄い膜の作製を何度も繰り返す必要があります。

板状の被塗物にコーティングする場合、両面に薄膜が形成されてしまいます。そのため、片面だけにコーティングしたい場合は、成膜後に不要な面のゲルを拭き取る、もしくは、あらかじめコーティングしたくない面にテープを貼っておき、成膜後に剥がす必要があります。また、下端付近はコーティング液がもりあがって付着するため、不均一な膜になります。そのため、必要に応じて下端部分に付着したゲルを除去します。

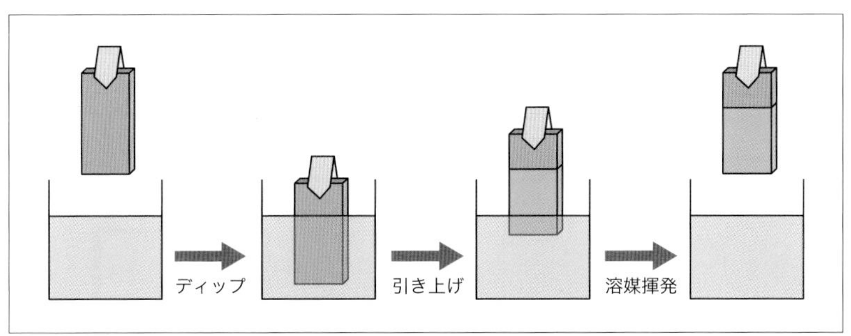


**図 4-6　ディップコート法の概略図**

chapter 4-8

# スパッタリング法

スパッタリング（Sputter deposition）法は、ドライプロセスの代表的な成膜方法の一つです。下図に示したものは、2極スパッタリング法といわれる代表的なスパッタリング法です。基本的な原理は、この2極スパッタリング法から説明できます。図4-7に示すように、真空中のチャンバー内にアルゴンガスなどの不活性ガスを導入し、ターゲット（成膜したい材料）と基板（成膜したい面）の間に高電圧を印加して内部でグロー放電を発生させ、不活化ガスをプラズマ化（イオン化）します。イオン化した不活性ガスはマイナス電位のターゲットに高速で引き寄せられ、ターゲット材料に衝突します。ターゲット材料の粒子はこの衝突の勢いで飛び出し、基板の表面に付着します。これを繰り返すことで、下部にあったターゲット材料は組成などが変化することなく、安定して緻密な状態で上部の基板に堆積し、薄膜が形成されます。

スパッタリングには、下図に示すような2極スパッタリング法の他に、成膜速度を改善したマグネトロンスパッタリング法、セラミックスなどの成膜にも対応したRFスパッタリング法などがあります。また、不活性ガスに加えて、反応性のガス（酸素、窒素など）を導入することで、金属酸化物や金属窒化物のクラスターを基板上に析出させる反応性スパッタリング法という手法もあります。

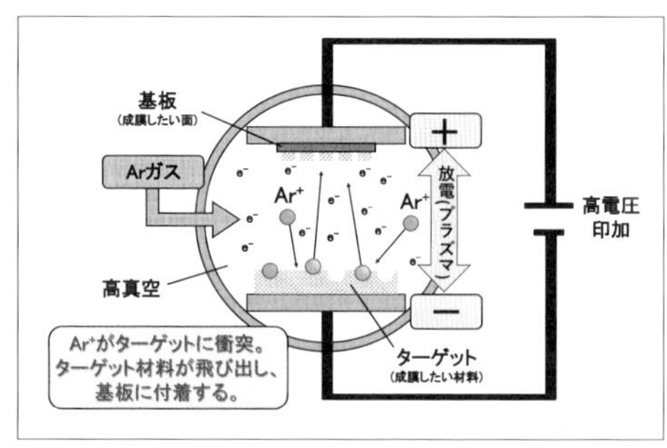


図4-7　2極スパッタリング法の概略図

chapter 4-9

# 真空蒸着法

真空蒸着（Vacuum evaporation）法とは、真空中で金属や酸化物などの成膜したい材料を加熱して、蒸発や昇華させて、基板の表面に蒸発、昇華した粒子を付着させ、薄膜を形成する方法（図 4-8 参照）です。あくまでイメージですが、水が沸騰した鍋の上部にフタをのせると、フタの内側に湯気が付着して水滴ができる現象を想像すると分かりやすいかと思います。ちょうど、この原理が蒸着と同じです。真空蒸着法では、大気圧では蒸発しにくい金属や酸化物などを、高真空の環境におくことでこれらの蒸気圧を下げ、1,000℃ほどの温度で気化させることができます（気圧の低いところで 100℃以下でも水が沸騰することと同じ）。真空蒸着法では、材料の加熱方式として、抵抗加熱、高周波誘導加熱、電子ビーム加熱などがあります。抵抗加熱は、タングステンやモリブデンなどの抵抗体に電流を流して、その時に発生する抵抗熱を熱源とするものです。対象としては、金や銀などの低融点の金属材などに適しています。次に、高周波誘導加熱は、交流電源に接続されたコイルの中に導電体を挿入すると導電体自身が発熱する誘導加熱の原理を利用したものです。材料を設置するルツボは導電体であればよいので、カーボンなどがルツボに使われます。最後に、電子ビーム加熱は、図に示すように、成膜材料に、電子ビームを照射することにより、成膜材料を加熱・蒸発させて薄膜を形成する方法です。酸化物などの高融点の材料に適しています。

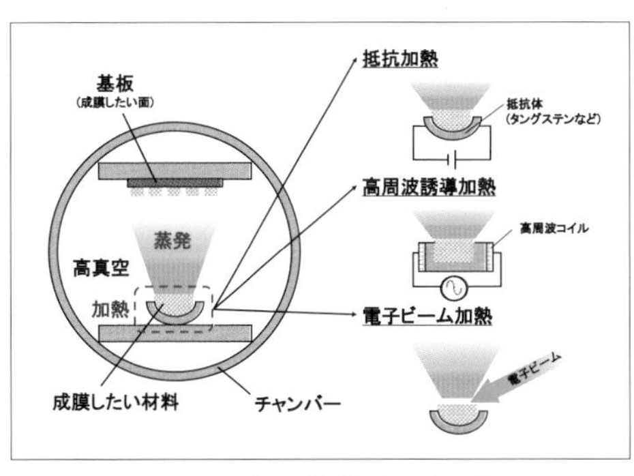


図 4-8　真空蒸着法の概略図

chapter 4-10

# イオンプレーティング法

イオンプレーティング（Ion plating）法は、真空蒸着法にとても似ています。加熱により材料を気化させる点は同じですが、蒸発粒子を基板方向に加速させる点が異なります。イオンプレーティング法では、プラズマ中を蒸発粒子が通過することで、粒子がプラスの電荷を帯びることになり、その結果、マイナス電位の基板方向に加速します。加速した粒子は基板に付着し、堆積することで薄膜が形成されます。粒子が加速されることで、真空蒸着法に比べて、より緻密で密着性の高い薄膜を作製することができます（図4-9）。

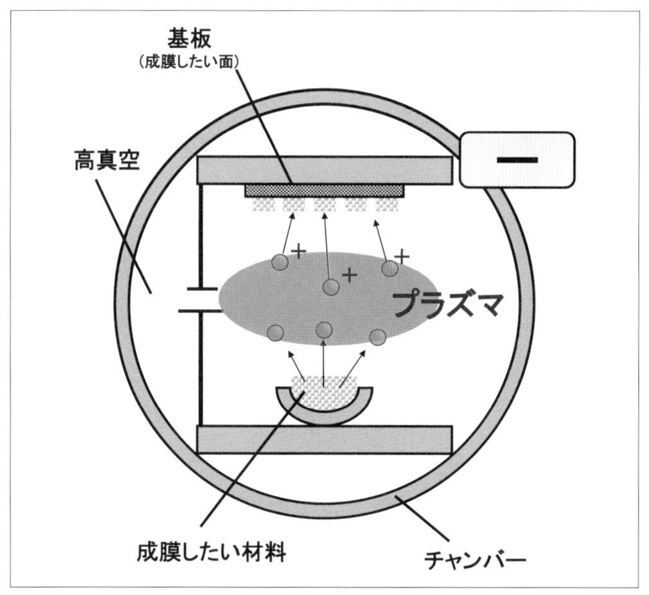


図 4-9　イオンプレーティング法の概略図

chapter 4-11

# CVD法

CVD法（気相化学析出法：Chemical Vapor Deposition＝CVD）とは、大気圧〜中真空の状態で、ガス状の原料をチャンバー内に送り込み、熱や光、プラズマなどのエネルギーを加えて化学反応を起こし、目的物質を合成して、基板の表面に薄膜を形成する方法です。金属酸化物の場合、目的とする金属酸化物のうち、金属成分の化合物の気体を基板上に流通させ、化学反応によって生じる金属酸化物を基板上に堆積させます。高真空を必要としないため、大掛かりな装置が不要であり、成膜速度が速く、組成や膜厚などの制御も容易であることが利点として挙げられます（図4-10）。

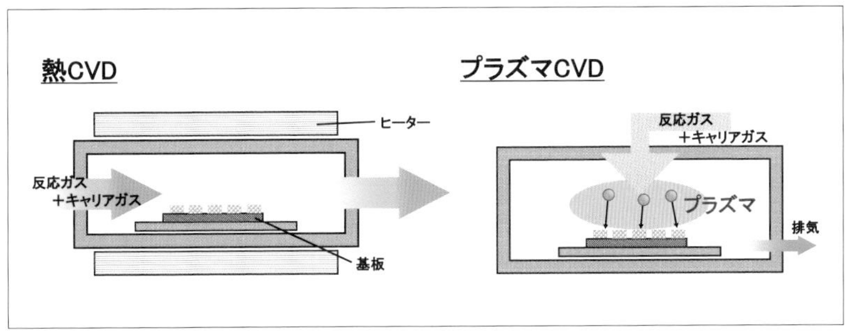


図4-10　CVD法の概略図

参考文献

1. 坪田実著「わかる！ つかえる！ 工業塗装入門〈基礎知識〉〈段取り〉〈実作業〉」（日刊工業新聞社、2019年）
2. 表面技術協会編「ドライプロセスによる表面処理・薄膜形成の基礎」（コロナ社、2013年）

（鈴木孝宗、濱田健吾）

# 第5章

# 材料としての評価

chapter 5-1

# 粉末としての評価

## 1　粒度分布

粒度分布（どれくらいの大きさの粒子がどれくらいの割合で含まれているか）の測定にはレーザー回折・散乱法を用います。粒子にレーザー光を照射すると、その粒子からは前後・上下・左右と様々な方向に光が発せられます（回折・散乱光といいます）。回折・散乱光の強さは、光が発せられる方向に一定の空間パターン（光強度分布パターン）を描きますが、粒子の大きさによって様々な形に変化することが知られています。そのため、粒子群にレーザー光を照射し、そこから発せられる光強度分布パターンを解析することで、粒度分布を求めることができます。

## 2　比表面積・細孔容積

比表面積や細孔分布の算出にはガス吸着法を利用します。粉体粒子の表面に吸着占有面積が既知の不活性ガス分子を吸着させ、その吸着量やガス分子の濃縮から、試料の比表面積や細孔分布を測定する方法です。吸着ガス種としては一般に窒素ガスを用い、液体窒素温度（77 K）で測定します。

ガスの量が増えるにつれ試料表面はガス分子で覆われていき、表面全体がガス分子で覆われた後は、ガス分子の上にガス分子が重なって多層吸着します。この様子は図 5-1 に示すように、圧力変化に対する吸着量変化（吸着等温線）として現れます。一層目の吸着から多層吸着に移行する相対圧領域において「BET の式」を適用することにより、単分子層吸着量を正確に計算できます。得られた単分子吸着量に、吸着させたガス分子 1 個の占める断面積をかけることで、試料の表面積を算出することができます。

さらに試料表面にガス分子が何層にも吸着していくと、細孔内でガス分子の凝縮（毛細凝縮）が始まります。この時、大量のガス分子が気体から液体に変化するため、吸着等温線において急激なガス分子の吸着量増加が見られます。凝縮がおきた時の圧力値は、細孔の大きさと相関があることが知られています。また、吸着量の伸びは細孔の内容積に比例しているため、吸着等温線から細孔の容積分布（細孔分布）が求められます。

なお、粉体粒子に細孔がある場合、吸着と脱着のプロセスが一致せず、吸脱着等温線においてヒステリシスが見られます。この現象は毛細凝縮に密接に関連すると言われています。

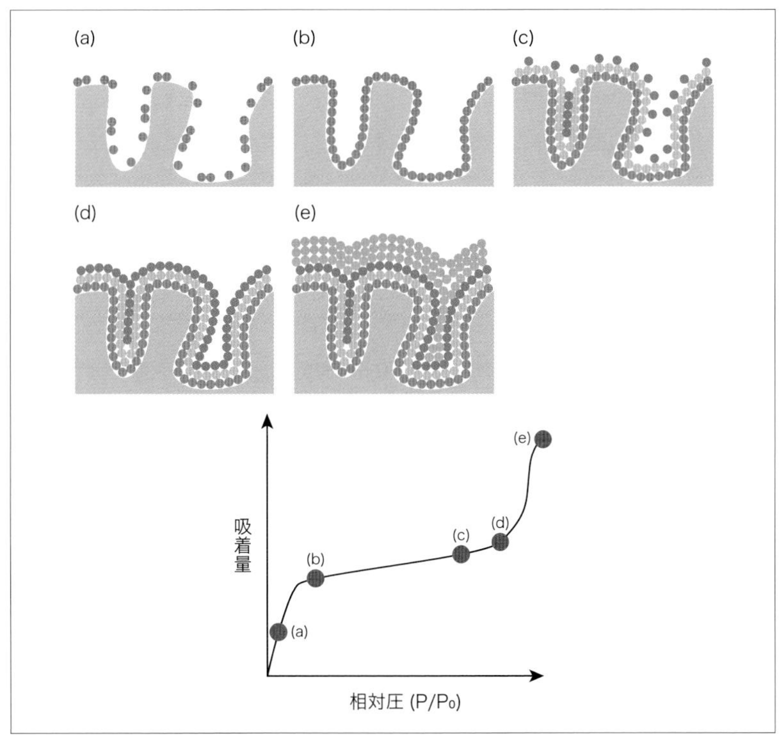


**図 5-1　吸着等温線と各点におけるガス吸着の様子の概略図**

## 3　結晶構造

結晶構造は粉末X線回折（XRD：X-Ray Diffraction）を用いて調べることが出来ます。X線回折は、試料にX線を照射した時に発生する散乱および回折したX線光を解析することを原理としています（図5-2）。試料にX線を照射すると、物質の格子結晶はX線に対して回折格子の役割を果たすため、原子の周りの電子によってX線は散乱、干渉します。この干渉により特定方向の強度が強まり、結晶構造を反映したスペクトルを得ることができます。また、散乱されたX線は $2\,d\sin\theta = n\lambda$ を満たす時に強め合います（ブラッグの式）。ここでdが格子定数、$\theta$ はX線の入射角度、nは整数、$\lambda$ はX線の波長です。したがって、既知波長の入射X線を試料に照射し、回折光側に設置した検出器を走査し回折角 $2\,\theta$ とその時の回折X線強度を測定することでX線回折のスペクトルを取得することができます。また、ブラッグの式から格子定数、スペクトルパターンから結晶構造、結晶面間隔（d値）の変化量からひずみを決定することができます。このようにXRDでは試料の結晶構造を反映した情報を取得することが可能です。

光触媒分野においても、XRDは試料の結晶構造を評価するのに適しています。酸化チタンをはじめとする光触媒はイオン結晶性の材料であり、上で述べたような情報をXRDで取得することができます。酸化チタンには、アナタース、ルチル、ブルッカイトの3種類の結晶構造があります。また、その結晶構造によって、有機物分解性能などの光触媒作用の程度は異なります。したがって、光触媒としての酸化チタンでは、その結晶構造は非常に重要なものとなってきます。

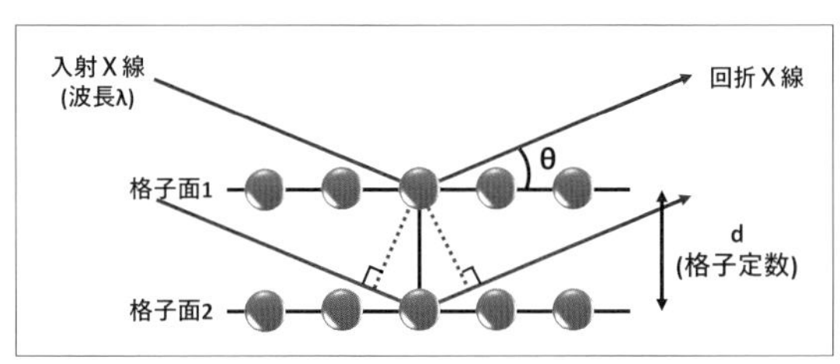


**図5-2　X線回折の原理**

## 4 結合状態

試料における結合状態の評価には、ラマン分光法やX線光電子分光を用います。

ラマン分光法とは、材料に入射した光が物質と相互作用することで振動数が変化する現象を利用して物質の結合状態や結晶性を評価する分析手法です。似た分析手法として、フーリエ変換赤外分光法（FTIR：Fourier transform infrared spectrometer）があります。両者の大きな違いは、測定する光の種類です。FTIRでは、入射光の減少、つまり光の吸収を測定します。一方で、ラマン分光法は、入射光により生じる散乱光（入射光とは異なる波長）を測定します。物質に光が入射すると、入射光と同じ波長の散乱（レイリー散乱）が生じます。それと同時に、入射光と異なる波長の散乱（ラマン散乱）がわずかに生じます。このラマン散乱光のスペクトルは、材料固有の結晶構造を反映しているため、スペクトルの情報から材料の結合状態や結晶性の評価を行うことができます（図5-3）。

ラマン分光装置は、光源と分光器、検出器から構成されます。得られる信号は横軸を波長（波数）、縦軸を強度とするラマンスペクトルです。一般的に、ラマンスペクトルでは、波長の逆数である波数 [$cm^{-1}$] という単位を用いて、入射光の波数からのシフト量で示されます。ピーク幅から結晶性を、ピークシフト量から結合状態や応力などの物性評価を行うことができます。また、固体、液体、気体のすべての状態の試料に対して測定が可能です。しかし、蛍光を発するような材料では、ラマンスペクトルに干渉することでうまく測定できない場合があります。

光触媒分野においても、試料の光触媒材料（酸化チタンなど）の結晶性や結合状態の評価にラマン分光法を用いることができます。例えば、他元素が添加（ドープ）された酸化チタンでは、ドープされた元素による酸化チタン結晶内の結合状態が変化することで、無添加のものと比べて、ラマンスペクトルにピークシフトが生じます。また、添加によって酸化チタン結晶の結晶性に変化があれば、ピーク幅にも変化が生じます。

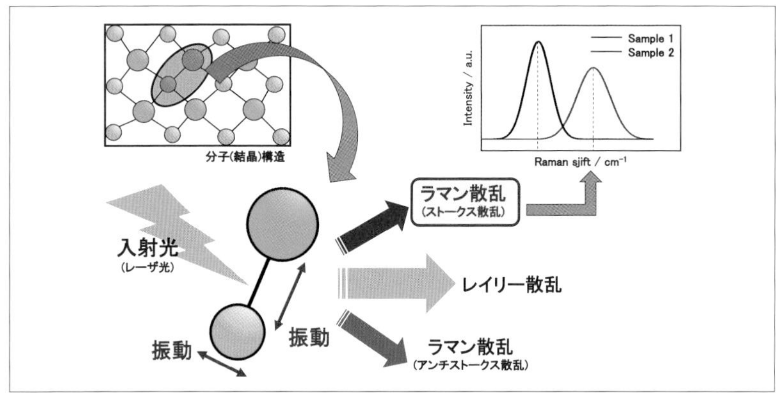


図 5-3 ラマン分光法の概要

X線光電子分光法（XPS：X-ray Photoelectron Spectroscopy）では、固体サンプル表面の構成元素やその化学結合状態を評価することができます。また、元素分析の観点からESCA（Electron Spectroscopy for Chemical Analysis）とも呼ばれます。XPSでは励起源にX線が用いられますが、紫外光を用いるものを紫外光電子分光法（UPS：Ultraviolet Photoelectron Spectroscopy）といいます。UPSでは、固体材料のバンドギャップや仕事関数などの半導体特性に関わる情報を取得することができます。

固体サンプル表面にX線が照射されると、X線によって励起された原子から光電子が放出されます（図5-4）。試料表面から放出される光電子のエネルギーEは、$E = h\nu - EB - \phi$ で表すことができます。ここで $h\nu$ はX線のエネルギー、EBは電子の結合エネルギー、$\phi$ は分光器の仕事関数です。$h\nu$ 及び $\phi$ は既知であることから、光電子のエネルギーEを観測することで結合エネルギーEBを求めることができます。この結合エネルギーは元素によって固有の値であるため、光電子スペクトルのピーク位置から試料表面を構成している元素を同定することができます。また、原子は周囲原子との相互作用により、化合物（結合）が異なれば結合エネルギーは異なります。このような化学結合状態の違いによって、検出されるピークは単体元素のピーク位置から数 eV ほど変化します(ピークシフト)。このピークシフトの大きさから対象元素の化学結合状態を考察することができます。

XPS の特徴的な点は、試料表面の情報を得ることができることです。試料に照射される X 線は、試料の深くまで侵入し、試料内部でも光電子は発生します。しかし、発生する光電子は最大で 1,500 eV ほどのエネルギーしか持っていません。この光電子の平均自由行程（進むことができる距離）はきわめて小さく、試料内部で発生した光電子は表面まで到達することができません。したがって、XPS から得られるスペクトルは試料表面（深さ数 nm まで）の情報となります。通常、XPS には Ar イオンによるスパッタエッチング機構が付属しています。これにより、サンプル表面のエッチングを繰り返すことで材料の深さ方向の分析（デプスプロファイル）が可能となります。

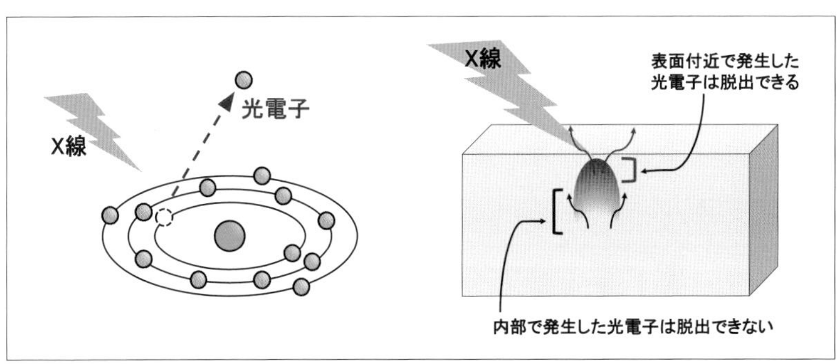


**図 5-4　X 線光電子分光法の原理と光電子の脱出深さ**

## 5　光応答とバンドギャップ

紫外可視赤外分光光度計(UV-VIS : Ultra violet-visible spectrophotometer)では、薄膜などに入射した光の透過率を測定するだけではなく、積分球を用いることで各波長における固体材料の反射率を計測することができます。粉体試料に光が入射すると、一部は粉体の表面で正反射します。残りの光は粉体内部に侵入し、粒子により反射、屈折され、様々な方向に進みます。粉体に吸収がない波長の光であれば、その光は反射、屈折を繰り返しながら最終的に空気中に放出されます。一方、粉体に吸収がある波長の光であれば、繰り返される反射や屈折の過程でその光はしだいに弱まっていきます。その結果、透過スペクトルと似た拡散反射スペクトルを得ることができます。

図5-5は組成の異なる光触媒粉末の拡散反射率測定の結果を示したものです。黄色い粉末が可視光応答型の光触媒で、白い粉末が酸化チタンです。下図をみると、酸化チタンでは400 nm以降の可視光をほぼ100％反射していることが分かります。言い換えると、この材料は紫外光のみを吸収することが分かります。それに対して、可視光応答型の光触媒は反射率が低く、特に酸化チタンに比べて400 nm～500 nmの領域で反射率が低いことが分かります。つまり、この材料は400 nm～500 nmの領域の可視光を吸収することが分かります。また、拡散反射率測定の結果はKubelka-Munk変換といわれる計算を行うことで、図5-6のようなグラフに変換することができます。このグラフの立ち上がりの点から、材料のバンドギャップ（光触媒反応が起きるために必要な光のエネルギー）を算出することができます。

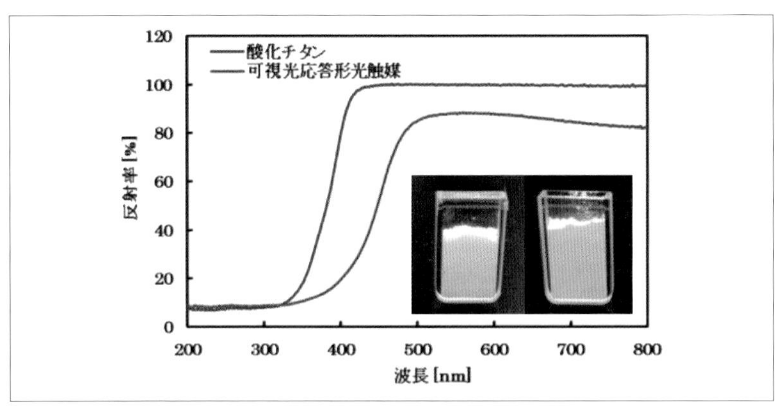


図 5-5　光触媒材料の拡散反射率測定

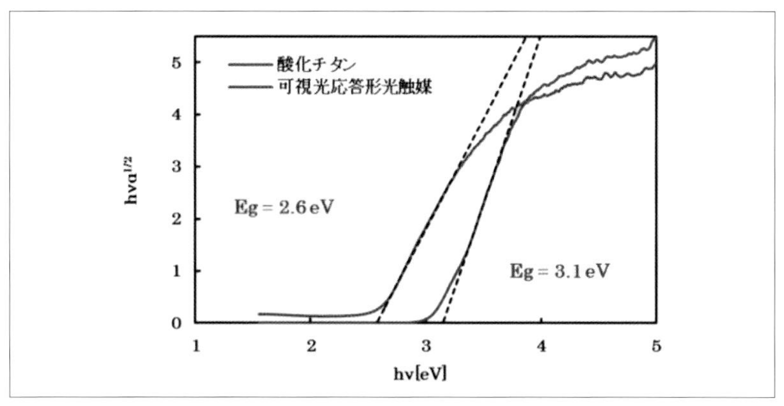


**図 5-6　Kubelka-Munk 変換によるバンドギャップの算出**

出典：神奈川県立産業技術総合研究所 HP より。
https://www.kistec.jp/sup_prod_devp/eval_devl/yuukip/hikarikeisokukiki/sigaikashi/kk_040023_uv-vis_jirei4/

## 6　試料形態

試料の形態観測、とりわけナノスケールオーダの微細構造の観測には電子顕微鏡が威力を発揮します。

走査型電子顕微鏡（SEM：Scanning Electron Microscope）では、試料表面の形状を低倍率から高倍率まで観察することができます。

試料に細く絞った電子線を照射すると、試料表面からは二次電子、反射電子、特性X線が放出されます。SEMでは、電子線を試料表面で走査（xy方向に動かす）しながら、試料表面から放出される二次電子を検出器に取り込みます。検出器に取り込まれる二次電子の量から、二次元像を得ることができます。SEMでは二次電子を測定するため、同じ材料であれば取得される像にコントラストは発生しません。しかし、実際は試料表面の凹凸などの形状の違いによって二次電子の発生量が異なるため、同じ材料であっても表面の形状を反映した像を得ることができます。また、放出される特性X線を測定することで定性分析が可能です。特性X線による定性分析には、エネルギー分散形X線分析装置（EDX：

Energy Dispersive X-ray spectrometer）が組み込まれたSEMを用いる必要があります。

図5-7は、形状の異なる光触媒材料の表面をFE-SEMで観察したものです。FEとはField Emissionの略で、従来のSEMよりも電子線をほそく絞ることで高倍率の像の取得を可能としています。現在では、このFE-SEM（電界放出形走査電子顕微鏡）が主流です。画像をみると、2種の材料の表面を極めて高倍率で観察できていることが分かると思います。

透過型電子顕微鏡（TEM：Transmission Electron Microscope）も、SEMと同様に微細構造を観察するときに用いられます。SEMが試料表面から放出される二次電子を検出して像を作成するのに対して、TEMでは、厚さ100 nm以下に薄く加工した試料に電子線を透過させ、透過した電子を検出することで像を作成します。試料の構造や構成している成分の違いによって電子線の透過は異なり、その結果、図5-8のような像を得ることができます。また、試料で回折した電子によって生じる干渉像から原子レベルの微細構造を観察することも可能です。SEMが試料の表面をある程度広い領域で観察することに適しているのに対して、TEMはより狭く、そして断面などの内部構造の観察に適しています。

図5-8はAuが担持された酸化チタンのTEM像です。TEM像をみると10～20ナノ程度の粒径の酸化チタン粒子の周りに1ナノ程度のAu粒子が担持されていることが分かります。

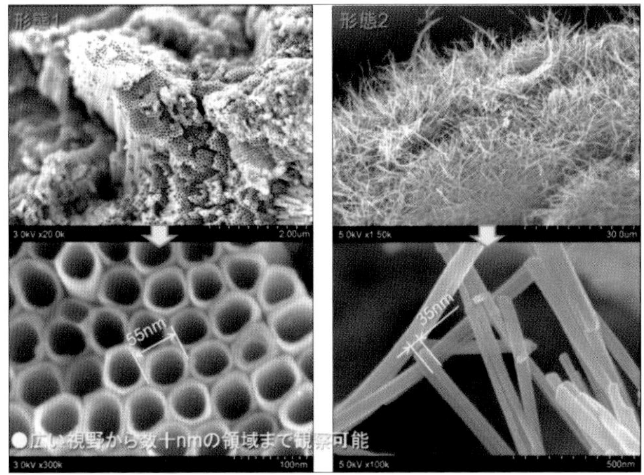


**図 5-7　SEM による光触媒材料の表面観察**

出典：神奈川県立産業技術総合研究所 HP より。
https://www.kistec.jp/sup_prod_devp/test_and_mes/koudo/0300_bunseki_jirei/bj_fe-sem_01/

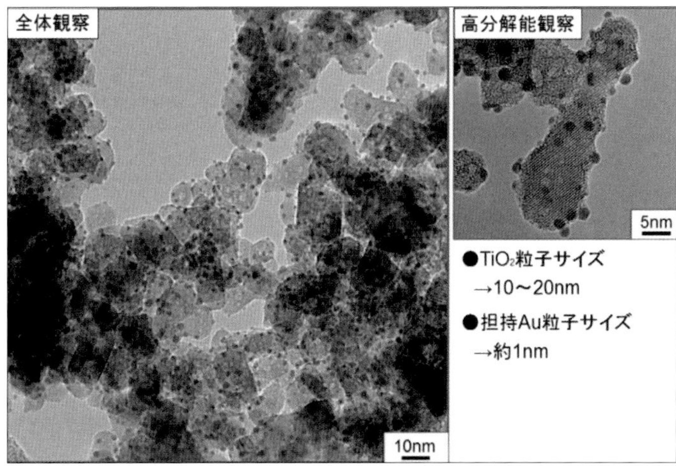


**図 5-8　TEM による光触媒材料の構造解析**

出典：神奈川県立産業技術総合研究所 HP より。
https://www.kistec.jp/sup_prod_devp/test_and_mes/koudo/0300_bunseki_jirei/bj_fe-tem_03/

chapter 5-2

# 光触媒薄膜の評価



## 1 薄膜の下地との密着力

薄膜の下地（被塗物）との密着力は、超薄膜スクラッチ試験機を用いて評価することができ、その試験方法はJIS R 3225で規格化されています。この試験機は、一定の曲率半径を持つ硬い針（ダイヤモンド製圧子）を膜面に押しつけ、加重を増加させながら膜面を引っ掻き、膜の剥離が発生する荷重値を測定することにより密着性を評価します。

超薄膜スクラッチ試験機の検出部の概略を図5-9に示します。カートリッジから伸びたカンチレバーの先端にダイヤモンド製圧子が付いています。このカートリッジをスクラッチ方向と直交する水平方向にわずかに振動させた状態で、圧子を試料に押しつけます。試料表面と圧子間に生じる摩擦力によって、圧子はカートリッジの水平方向の運動に対して遅れを生じます。その結果、カンチレバーに取り付けられたマグネットとカートリッジ内のコイルの相対位置が変化し、電気信号を発生します。それと同時にスクラッチ方向に圧子で試料表面を引っかきながら、圧子を試料に押しつける荷重を増加させていきます。薄膜が剥離すると、試料表面に凹凸が生じたり、摩擦係数が変化することで、カートリッジからの電気信号が変化するため、膜の剥離を検出することができます。

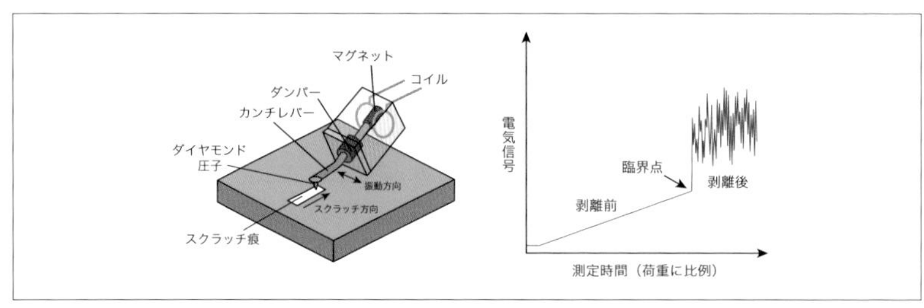


**図5-9　スクラッチ試験機（検出部）と検出シグナルの概略図**

## 2　表面上の粒度（表面粗さ）や物性

表面上の粒度（表面粗さ）の測定には、接触式段差計（スタイラスプロファイラ）が長年使われてきました。先端がダイヤモンドのスタイラス（触針）を用いて、試料表面を一定の低針圧でなぞり、段差、表面粗さ、うねり等の測定を行います。この方法は物理的な接触によりサンプル表面を走査（トレース）するため、信頼性の高い測定が可能ですが、粘着性のあるものや柔らかいサンプルの測定はできません。また、触針径よりも微細な形状の測定もできません。

試料に触れないで測定する測定法としては、顕微鏡による観察が挙げられます。凹凸が大きい粗い試料の場合は光学顕微鏡でも十分ですが、凹凸が小さくなるにつれ、レーザー顕微鏡（マイクロレベルの観察）や走査電子顕微鏡（SEM）（ナノレベルの観察）による観察が必要になります。

走査プローブ顕微鏡（SPM）を用いれば、原子レベルでの測定も可能になります。この顕微鏡では、先端を尖らせた探針を試料の表面をなぞるように動かし、探針と試料との間の相互作用を画像化するものです（図5-10）。表面観察だけでなく、試料表面の各種物性を画像化できるため、現在では表面物性研究に欠かせない装置となっています。

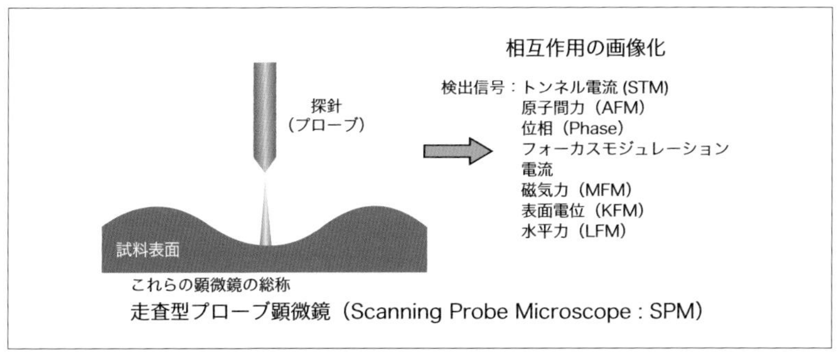


**図5-10　走査プローブ顕微鏡の概略図**

## 3 透明性

ガラス基板などの透明基板上に成膜した薄膜の透明性は、入射光$I_0$に対する透過光$I$の割合である透過率（$T$）により評価できます。

$$T=\frac{I}{I_0}$$

紫外可視赤外分光光度計を用いることで、各波長における光の透過率を測定することができます。可視光の透過率が高いほど、見た目の透明性は高くなります。

また、光が試料を透過しても、光散乱が起これば透明性は低下します。試料の透明性は全光線透過率（試験片を通過する光線の内、平行成分と拡散成分すべてを含めた光線の透過率：$T_t$）に対する拡散透過率（試験片を透過する光線の内、平行成分を除いた拡散光の透過率：$T_d$）の割合であるヘイズ値（$H$）

$$H=\frac{T_d}{T_t}\times 100$$

で評価されます（図5-11）。完全な透明体はヘイズ値が0で、曇り具合が増えるに従ってヘイズ値は高くなります。

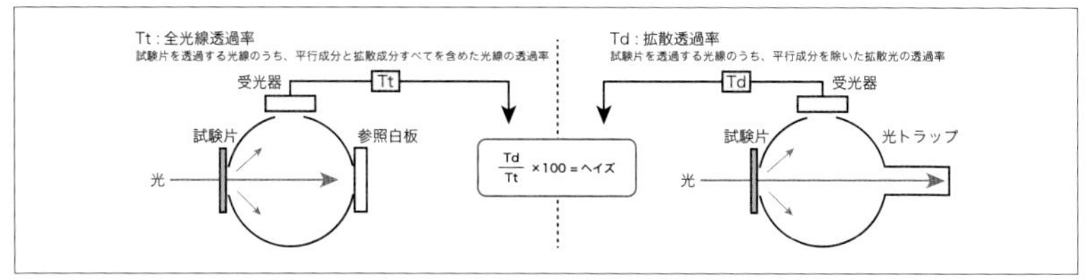


**図5-11　ヘイズ測定の概略図**

全光線透過率を測定する際には、積分球（取り込んだ光を散乱させ、均一にする装置）の効率（積分球の内面積に対する開口の割合）が重要になりますが、球の内面積、開口数および開口部の覆い方などによって左右されます。積分球の大きさや、開口の大きさ等が違うと、積分球の効率が変化し、測定に誤差が生じます。しかし、補償開口を設け、図 5-12 のような測定をする事で積分球の効率の変化を打ち消すことができます。そのため、装置間での測定値の差が無くなります。現在の JIS 規格（JIS K 7136）はこれに基づいています。

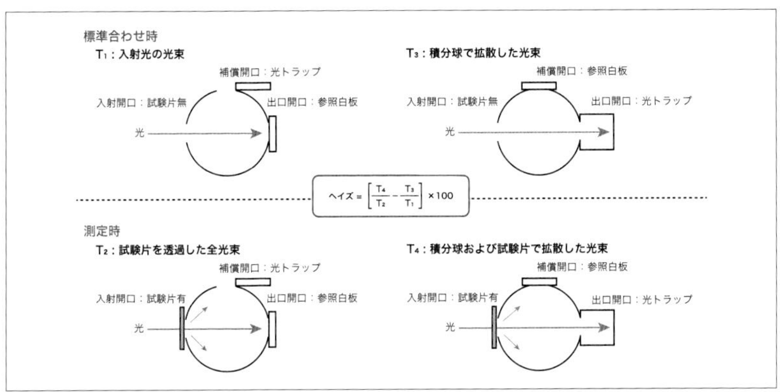


**図 5-12　現在の JIS 企画に基づいたヘイズ測定の概略図**

## 4　膜厚

光触媒膜の膜厚を測定する方法は、その厚みや試料の形状・大きさ、測定精度などにより様々な方法が考えられます。

膜が十分に厚い場合、重量測定から膜厚を算出することができます。光触媒膜が均一に付着していると仮定し、下地（被塗物）だけの質量を差し引いて得られた膜の質量（$w$ [g]）、下地（被塗物）の面積（$A$ [cm$^2$]）、光触媒膜の密度（$\rho$ [g cm$^{-3}$]）から

$$t=\frac{w}{A\rho}$$

により厚さ（$t$ [cm]）を計算します。光触媒膜の密度は結晶の文献値を使うことになりますが、多孔質膜の場合、実際の膜密度は文献値とは異

なるため誤差が生じます。しかし、この点を無視できれば、重量を測定できる試料すべてに対して利用できます。

また、マイクロメータを用いた直接測定も考えられます。試料全体の厚さを測定した後、下地（被塗物）の厚さを差し引けば光触媒層の厚みが求められます。ただし、これらの方法は膜厚がナノメートルオーダーの薄い膜になると難しくなります。

薄い膜の膜厚測定には、下地（被塗物）が平滑基板である場合、薄膜が付着していない表面と薄膜表面の段差を測定する方法が用いられます。基板全面が膜で覆われて段差がない場合は、機械的にかき取るなどして段差を作ります。段差測定には触診式段差計（スライラスプロファイラー）や原子間力顕微鏡（AFM）などを使います。いずれも、試料に沿って探針（チップ）を動かした際の上下動を記録し、段差の高さを測定します。AFMならば原理的に1 nm以下の膜厚も測定できますが、実際にそこまでの高精度測定をするためには、基板の平滑性も問題になります。

また、試料を破断して作製した断面を走査型電子顕微鏡（SEM）で観察し、膜厚部分を測る方法もあります。SEMでは、試料に電子線を照射するため、試料が絶縁体の場合は徐々に負に帯電し（これをチャージアップといいます）、撮影が困難になります。これを防ぐためには、事前に金属を蒸着（スパッタ）するなどして試料に導電性を持たせる必要があります。なお、倍率は低くなりますが、低真空SEM（LV-SEM）を用いれば帯電の問題が無いため、絶縁体試料であってもそのまま測定可能です。

干渉測定により膜厚を測定する方法もあります。膜厚が均一な酸化チタンの薄膜を作製すると、青や緑、赤などの着色が見られる事があります。これを干渉色と呼び、膜厚と同程度の波長の光が、屈折率が変化する膜両端の界面で反射を繰り返すことで生じます。この時、薄膜の透過あるいは反射スペクトルを測定すると図5-13のような干渉縞が現れます。薄膜の膜厚（$d$ [nm]）は、隣り合う山と山（あるいは谷と谷）の波長$\lambda_1$、$\lambda_2$（nm）およびその屈折率$n$を用いて

$$d=\frac{1}{2n}\left(\frac{1}{\lambda_2}-\frac{1}{\lambda_1}\right)^{-1}=\frac{\lambda_1\lambda_2}{2n(\lambda_1-\lambda_2)}$$

で求められます。屈折率については結晶の文献値を使うことになりますが、酸化チタンの場合、ルチル、アナターゼ、ブルッカイトでそれぞれ2.72, 2.52, 2.63になります。例えば屈折率が2.52のアナターゼ型酸化チタン薄膜において、山と山（あるいは谷と谷）が400および800 nmに現れた場合、その膜厚は約160 nmとなります。膜が薄くなるほど縞の間隔は長くなり、一般的な紫外可視分光光度計では800～900 nmあたりが長波長側の限界なので、これより薄い膜の場合、2つの山（あるいは谷）が観測できなくなります。その場合、さらに長波長領域の測定が可能な分光光度計が必要になります。

その他の膜厚測定方法としては、入射光と反射光の偏光の変化量を波長ごとに計測し、得られた測定データを元に膜厚を計算する分光エリプソメトリーや、共焦点レーザー顕微鏡測定による段差測定などが挙げられます。

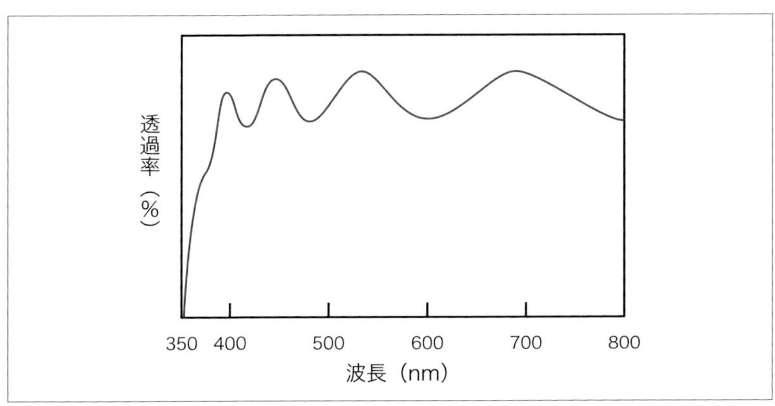


**図 5-13　酸化チタン薄膜の透過スペクトルの概略図**

## 5　鉛筆硬度

鉛筆硬度試験は、既知の硬さの鉛筆を塗膜に一定の条件で押しつけて引っかいたとき、どの硬度の鉛筆で塗膜に傷がつくかを調べる方法です。試験方法については、JIS K5600-5-4（ISO/DIN 15184）で規格化されています。

鉛筆の芯は、粘土と黒鉛からできており、黒鉛の量を多くすると柔らかくなっていきます。試験で使う鉛筆の硬度は6B～6Hの14段階（6B、5B、4B、3B、2B、B、HB、F、H、2H、3H、4H、5H、6H）で、6Bが最も軟らかく、6Hが最も硬くなります。また、一般に市販されている鉛筆はメーカーや製造ロットによって芯の硬度に若干のばらつきがあるため、試験には日本塗料検査協会が検査した鉛筆を使用します。

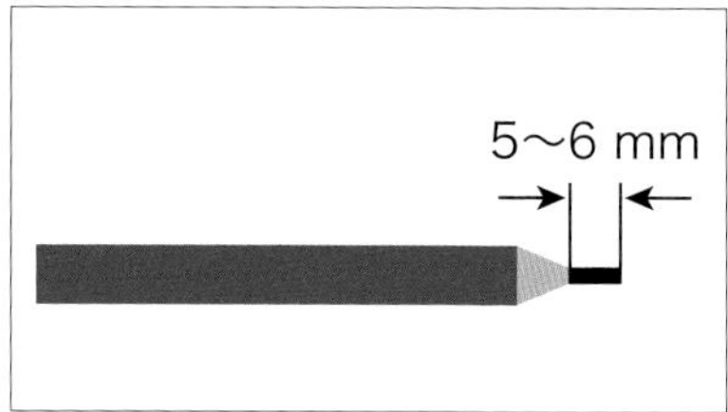


**図5-14　鉛筆先端の形状**

鉛筆の形状は先端を尖らせるのではなく、図5-14のように芯を傷つけないよう周りの木材を取り除き、先端を研磨紙で平面に整えて円柱状にした物を使用します。

図5-15のような試験器を用いて、鉛筆を試験面に対して45±1°になるように設置し、荷重750±10g、速度0.5～1mm/sで長さが7mm以上になるよう試験面を引っかき、傷の有無を観察します。傷跡がつかない最も硬い鉛筆の硬度が、塗膜の鉛筆硬度となります。

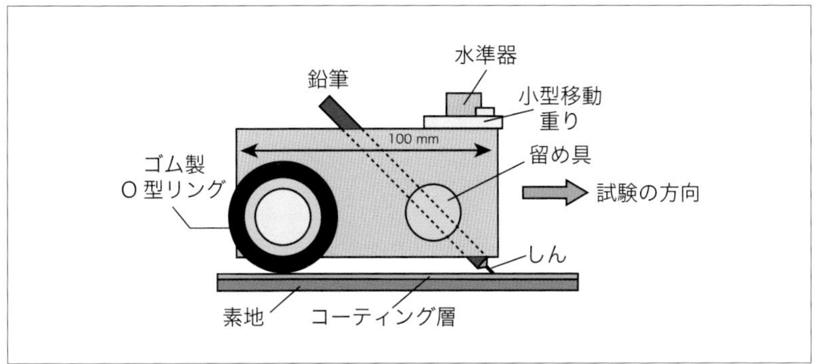


**図 5-15　鉛筆硬度試験器の概要図**

参考文献

1. 矢矧 束穂（編著）、瀬戸山 央（著）「すぐ身につく　分析化学・機器分析の実務　基礎、前処理、手法選択、記録作成を現場目線で解説」（日刊工業新聞社、2020 年）
2. 神奈川県立産業技術総合研究所 HP

（鈴木孝宗、濱田健吾）

第6章

# 光触媒能の評価

性能評価の重要性

JIS 試験の概要

JIS 規格を応用した、各種 VOC に対する
分解性能評価方法

実証型光触媒フィルタ性能試験機

まとめ

JIS 試験を実施可能な機関および連絡先

chapter 6-1

# 性能評価の重要性

現在、光触媒を応用した色々な製品がつくられています。たとえば空気清浄機。でも、いくら「空気がきれいになる！」と宣伝しても、実際に悪臭やウイルスなどが減っているというデータを見せないと、信じてもらえませんね。つまり、光触媒製品の研究開発にとって、どうやって性能を評価するかが大きなポイントになります。光触媒に詳しい方は「性能評価方法なら、すでにJIS試験が制定されているじゃないか」と思われるかもしれませんが、環境リスクというのは、どんどん多様化・深刻化してきています。それに合わせて、評価方法も、進化しないといけません。ここでは、まず従来のJIS試験の概要と、それをベースに開発された新しい性能評価方法について紹介します。

chapter 6-2

# JIS試験の概要

JISとは、Japanese Industrial Standards（日本産業規格）の略で、日本国内で通用する規格です。これに対して、世界中で通用するのがISO（International Organization for Standardization, 国際標準化機構）で定められた規格です。光触媒材料の空気浄化性能（消臭・脱臭性能）の評価法はJIS/ISOで規格化されています。表1に、光触媒材料のJISおよびISOの試験法を示します。空気や水をきれいにする性能、細菌・カビ・ウイルスに対する性能、セルフクリーニング性能など、応用先や分解対象にわかれて、細かく制定・更新されています。

例として、空気浄化性能試験（R1701-1〜5、R1751-1〜5）について説明します。いずれも、トルエンなど、実際の環境中で問題になっている臭気成分や有害物質を対象としています（それぞれの成分の説明を表6-1の下にまとめました）。これらの物質は、光触媒反応によって酸化分解され、分子中の炭素（C）は二酸化炭素（$CO_2$）、水素（H）は水（$H_2O$）、窒素（N）は硝酸イオン（$NO_3^-$）となります。したがって、JISおよびISOの試験では、一定濃度で供給したそれぞれの物質が、光触媒反応でどれだけ減少し、かわりに分解生成物である二酸化炭素などがどれだけ発生したかを測定することで、光触媒の性能を数値化しています。

### 表 6-1 光触媒性能評価試験法の JIS/ISO 制定状況

（カッコ内は制定年度あるいは最新改訂年度）

| 分類 | 試験機関（章末参照） | 試験方法 | 紫外光応答型 | | 可視光応答型 | |
|---|---|---|---|---|---|---|
| | | | JIS 番号 | ISO 番号 | JIS 番号 | ISO 番号 |
| 空気浄化（流通法） | A, D, E, F | 窒素酸化物 | R1701-1（2016） | ISO 22197-1（2016） | R1751-1（2013） | ISO 17168-1（2018） |
| | A, E, F | アセトアルデヒド | R1701-2（2016） | ISO 22197-2（2019） | R1751-2（2013） | ISO 17168-2（2018） |
| | A, E | トルエン | R1701-3（2016） | ISO 22197-3（2019） | R1751-3（2013） | ISO 17168-3（2018） |
| | A, E, F | ホルムアルデヒド | R1701-4（2016） | ISO 22197-4（2013）DIS 22197-4 | R1751-4（2013） | ISO 17168-4（2018） |
| | B | メチルメルカプタン | R1701-5（2016） | ISO 22197-5（2013）DIS 22197-5 | R1751-5（2013） | ISO 17168-5（2018） |
| 空気浄化（チャンバ法） | - | ホルムアルデヒド | - | - | R1751-6（2020） | ISO 18560-1（2014） |
| 抗微生物 | C, G, H, I, J, K | 抗菌 | R1702（2020） | ISO 27447（2019） | R1752（2020） | ISO 17094（2014） |
| | - | 実環境抗菌（セミドライ法） | - | - | - | ISO 22551（2020） |
| | - | 抗カビ | R1705（2016） | ISO 13125（2013） | - | - |
| | - | 防藻 | - | ISO 19635（2016） | - | - |
| | C, G, J, K, L | 抗ウイルス | R1706（2020） | ISO 18061（2014） | R1756（2020） | ISO 18071（2016） |
| セルフクリーニング | A | 水接触角 | R1703-1（2020） | ISO 27448（2009） | R1753（2013） | ISO 19810（2017） |
| | A | メチレンブルー分解 | R1703-2（2014） | ISO 10678（2010） | - | - |
| | - | レザズリンインク分解 | - | ISO 21066（2018） | - | - |
| 水質 | B | ジメチルスルホキシド | R1704（2007） | ISO 10676（2010） | - | - |
| 完全分解 | B | アセトアルデヒド分解 | - | - | R1757（2020） | ISO 19652（2018） |
| 酸化反応活性（水中法） | - | 溶存酸素（フェノール分解） | R1708（2016） | ISO 19722（2017） | - | - |
| | - | 全有機炭素量（TOC） | R1711（2019） | ISO 22601（2019） | - | - |
| 光源 | A | 標準光源 | R1709（2014） | ISO 10677（2011） | R1750（2012） | ISO 14605（2013） |
| | - | 標準 LED 光源 | - | - | - | DIS 24448 |

●**アセトアルデヒド**：化学式$CH_3CHO$、アルコールの代謝によって生成され、一般に二日酔いの原因と見なされているほか、たばこの依存性を高めるともいわれ、発がん性がある。

●**トルエン**：化学式$C_6H_5CH_3$、有機溶剤の一種で、ペンキや接着剤などに使用されている。建材の溶剤として用いられたトルエンが室内に放出されることがあり、シックハウス症候群の原因物質の1つと考えられている。蒸気の吸入には中毒性があり、長期にわたり繰り返し吸入を続けた場合、回復不能の脳障害を負う。

●**ホルムアルデヒド**：化学式HCHO、水に溶けるとホルマリンとなる。色々な樹脂の原料などとして広く用いられており、建材からホルムアルデヒドが室内に放出されることがあり、トルエン同様、シックハウス症候群の原因物質の1つと考えられている。濃度によって粘膜への刺激性を中心とした急性毒性があり、蒸気は呼吸器系、目、喉などの炎症を引き起こす。

●**メチルメルカプタン**：化学式$CH_3SH$、腐ったタマネギのにおいがする無色の気体で、口臭の原因のひとつ。ガス漏れを感知しやすくするためにガスに添加されている。

空気浄化性能試験（R1701-1～5、R1751-1～5）では、用いる反応器はすべて同じで、分解対象のガス種や濃度、照射する光の波長や強度が異なります。図6-1に、アセトアルデヒドを用いた紫外光応答型光触媒のJIS試験（R1701-2）の概要を示しました。所定のサイズの試料を反応器に入れ、所定の濃度・流量・温湿度・光量で、アセトアルデヒドの分解挙動を評価しています。つまり、下記の装置や器具類が揃えば、JIS試験が行えます。

① **ガスの流れをつくる部分**

標準ガスボンベ、純空気ボンベ、ガス混合装置、湿度調節器、各種配管・コック類

② **光触媒反応を起こす部分**

反応器、光源（ブラックランプ / 蛍光灯 + UVカットフィルタ、第7章参照）、光量計、恒温槽、各種配管・コック類

③ **未反応のガスや反応生成物を分析する部分**

ガスクロマトグラフ*、イオンクロマトグラフ（窒素酸化物分解試験用）

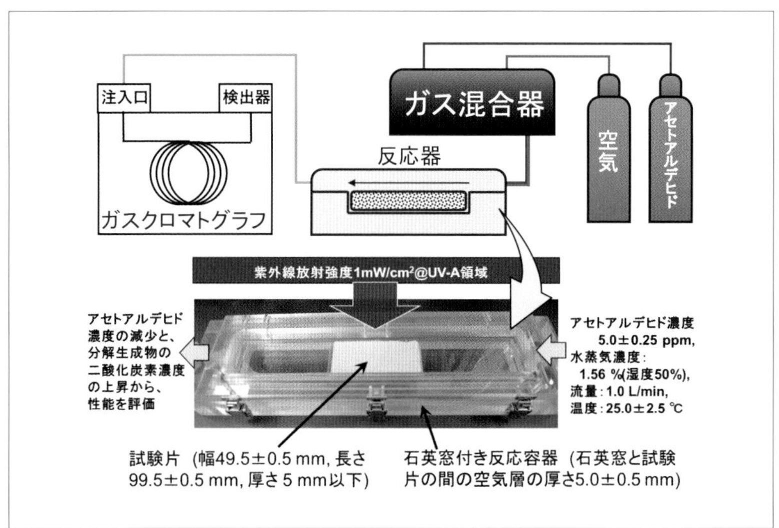


**図 6-1　空気浄化性能試験方法の例**
（JIS R 1701-2 アセトアルデヒド除去試験）

**＊クロマトグラフ**：気体や液体に、どんな成分がどれだけ含まれているか、成分ごとに分離して調べる装置。カラムと呼ばれる細い管の中に、特定の成分が吸着するような仕組みをつくっておく。カラムに混合物を注入すると、下図のように、成分ごとにカラムの中を通過するスピードが変わるので、各成分が徐々に分離する。分離された各成分を、検出器で分析し、定量する。気体を分析する装置をガスクロマトグラフ(GC)、液体を分析する装置を高速液体クロマトグラフ(HPLC)、液中のイオンを分析する装置をイオンクロマトグラフ(IC)と呼ぶ。

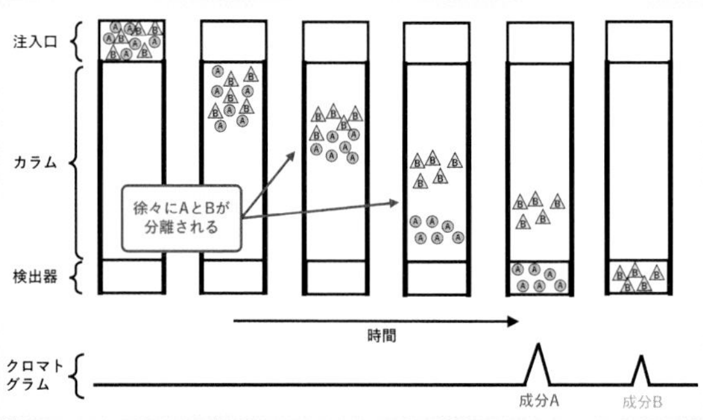

図 6-2 に、JIS R 1701-2 アセトアルデヒド除去性能試験結果の例を示します。反応器出口のガスをサンプリングして、ガスクロマトグラフでアセトアルデヒドと二酸化炭素の濃度を分析した結果です。試験開始後 40 分後に紫外線照射を開始すると、反応器に流し込んだ 5 ppm*のアセトアルデヒドが光触媒試料表面で分解され、反応器出口のアセトアルデヒド濃度が減少します。かわりに、アセトアルデヒドが分解されて生成する二酸化炭素濃度が増加します。3 時間後、紫外線照射を停止すると、アセトアルデヒド濃度は供給濃度の 5 ppm に戻ります。このアセトアルデヒド減少量と二酸化炭素増加量がそれぞれ大きいほど、光触媒の空気浄化性能が高いことを示します。なお、1 ppm のアセトアルデヒドが完全に分解されると、2 ppm の二酸化炭素が生成します。図 6-2 の場合、アセトアルデヒドの減少量が 3.5 ppm 程度、二酸化炭素の増加量が 7 ppm 程度なので、減少したアセトアルデヒドは、ほぼ 100%、二酸化炭素まで完全に分解されていることが分かります。

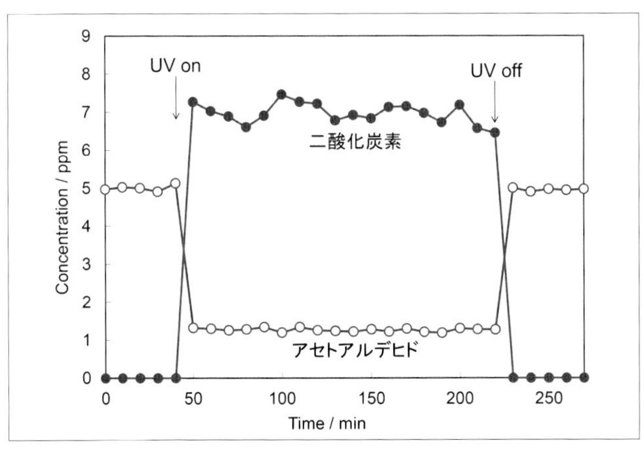


**図 6-2　JIS R 1701-2 アセトアルデヒド除去試験結果の例**

**＊ppm（ピーピーエム）**：parts per million（百万分の一）の略で、非常に小さい割合を表す時に使う。1 ppm＝0.0001%。

そのほかの試験も、それぞれJIS規格（日本規格協会のWeb販売サイト「JSA GROUP Webdesk」で購入可能）に定められた試験方法を参考に、必要な装置や器具類を組み合わせて実施することができます。章末に、JIS試験を実施可能な機関および連絡先をリストにまとめました。ほぼすべてのJIS試験に対応可能なのは（地独）神奈川県立産業技術総合研究所（KISTEC）です。KISTECでは、図6-3に示す通り、光触媒に関するトータルサポートを展開しており、光触媒工業会が定める推奨試験機関にもなっています。光触媒工業会は、推奨試験機関で行われたJIS試験結果をもとに、性能、利用方法等が適切であることを認めた光触媒製品に対し、PIAJ認証マーク（図6-3左）を与えています。PIAJ認証製品は、光触媒工業会サイト（第14章参照）に詳細なJIS試験データとともに掲載されるので、新たに製品を開発する企業等は、JIS試験を行うことで、自分の製品がどのレベルか、比較することができます。

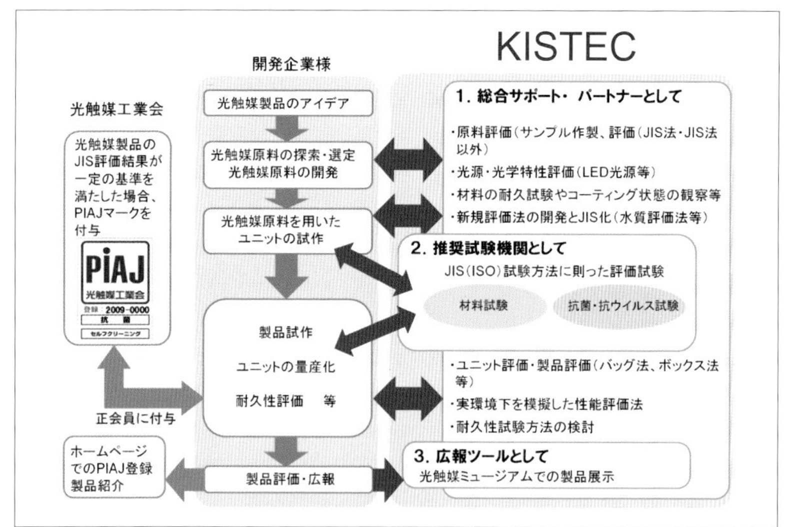


**図6-3　KISTECが実施している「光触媒トータルサポート」のイメージ図**

chapter 6-3

# JIS規格を応用した、各種VOCに対する分解性能評価方法

近年の空気汚染問題の多様化に伴い、前項のJIS試験に加え、より実環境に近い条件で試験したいというニーズが高まっています。ここでは、JIS試験では対象となっていないものの、実環境で問題視されている揮発性有機化合物（VOC）の分解試験結果を紹介します。図6-1のJIS試験用反応器を用いて、各種VOC（メチルエチルケトン、n-ヘキサン、酢酸エチル、2-プロパノール、いずれも有機溶剤としてよく用いられている。図6-4中に簡易化学構造式を記載）を、アセトアルデヒドと同じ5 ppmに調整して反応器に導入し、光触媒試料による分解性能を評価した結果を図6-4に示します。いずれも、紫外線強度1.0 mW/cm$^2$, 流量1.0 L/minとし、反応器出口での各VOC濃度と分解生成物の二酸化炭素濃度を測定しました。

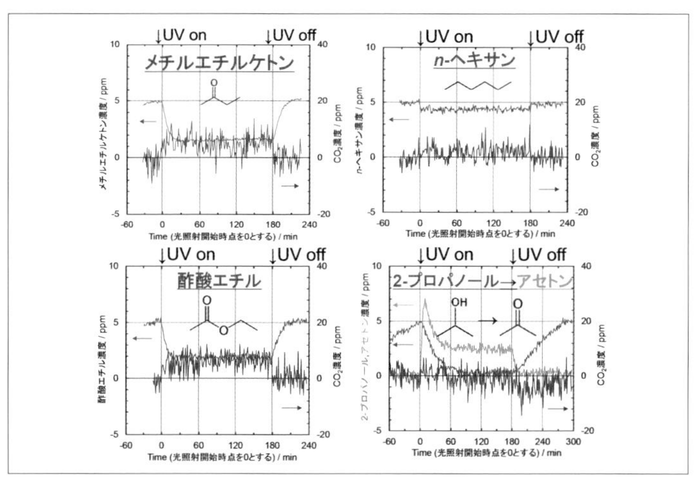


**図6-4　JIS試験用反応器を用いた各種VOC（メチルエチルケトン、n-ヘキサン、酢酸エチル、2-プロパノール）の分解試験結果**

VOCの種類によって、分解挙動が大きく違うことがわかります。この理由として、光触媒表面への吸着特性の違いが考えられます。光触媒反応による有機物分解は、ほとんど表面での反応で、まず光触媒表面への吸着が起き、その後、正孔や活性酸素種による酸化反応が続きます（第5章、吸着メカニズム参照）。したがって、比較的吸着しやすいメチルエチルケトンや酢酸エチルは除去率が高いものの、吸着しにくいn-ヘキサンの除去率は低いと考えられます。また、2-プロパノールのように、除去率が高くても、最終分解生成物である二酸化炭素まで分解が進まない化合物もあります。これも、分解生成物の光触媒表面への吸着の影響が考えられます。つまり、光触媒は「有機物ならなんでも分解できる」と説明されることが多いですが、実験条件や環境によっては、分解しにくいものや、完全に分解しないものもあるということがわかります。

chapter 6-4

# 実証型光触媒フィルタ性能試験機

JIS試験では、5×10 cmと比較的小さい試料を用い、特殊な反応器や条件における性能評価を行います。そのため、実際の空気清浄機などに用いる場合と状況が大きく異なり、JIS試験で良い結果が出ても、最終的な製品で、期待された性能が出ないということもあります。そこで、様々なサイズや使用条件に対応できる実証型光触媒フィルタ試験機（図6-5）を試作し、A4サイズの光触媒フィルタの性能を評価しました。この実証型光触媒フィルタ試験機は、フィルタの実効面積・光量・風量を変化させられるので、実際の空気清浄機の設計条件に近い状況を作り出すことができます。

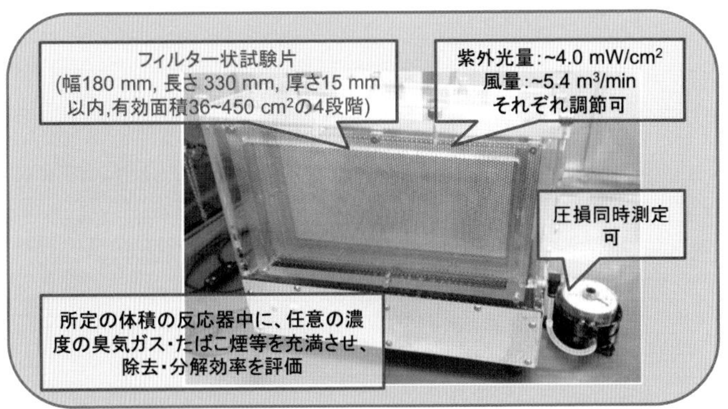


**図 6-5　実証型光触媒フィルタ試験機の外観と設定可能条件**

これを90 Lおよび1000 Lの反応器に設置して、それぞれ50 ppmのアセトアルデヒドガスの分解試験を実施した結果を図6-6に示します（いずれも、紫外線強度4.0 mW/cm$^2$, 風量5.4 m$^3$/min, フィルタ有効面積150×240 mm）。それぞれの濃度変化の曲線をよく見ると、濃度が半分になるまでの時間（半減期）が一定になっています。このような曲線は、

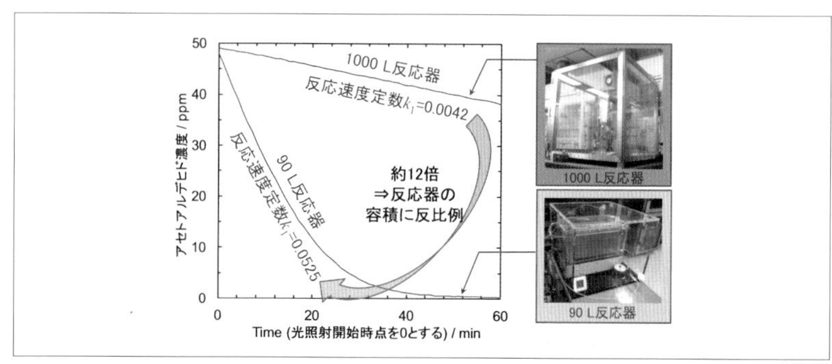


**図 6-6　実証型光触媒フィルタ試験機によるアセトアルデヒド分解試験結果**

指数関数という数学上の概念を使って解析することができます。図6-7に、この指数関数のイメージを示します。

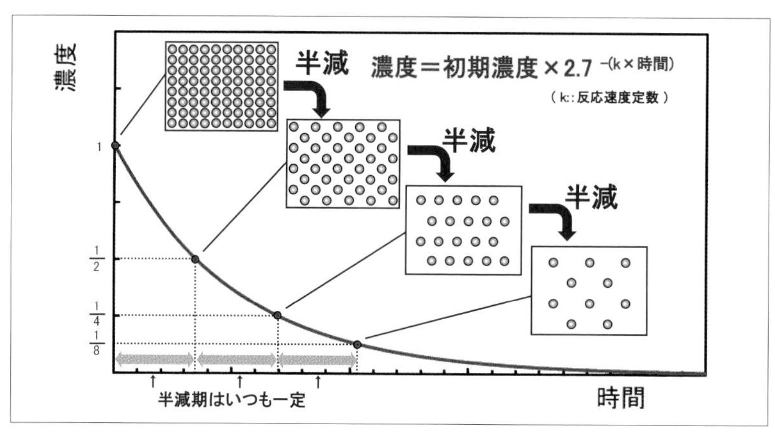


**図 6-7　指数関数の概念図**

この指数関数を使って、図6-7の結果を解析し、それぞれの反応速度定数を算出することで、反応の速さを数値化することができます。その結果、90 L反応器の方が、1000 Lの方よりも12倍はやく分解している様子が観測されました。これは反応器の容積比に反比例しており、リーズナブルな結果といえます。

実証型光触媒フィルタ試験機でのアセトアルデヒド分解性能試験では、

試験条件の変化に対応して臭気成分の分解挙動が変化することが確認できました。つまり、様々なフィルタサイズや使用条件に応じた性能を評価することができ、実際の空気清浄機等の設計方針を立てるうえで参考になるデータが得られる設計といえます。

chapter 6-5

# まとめ

本章では、JIS/ISO 試験の概要と、それをベースとした応用的な評価方法を紹介しました。光触媒材料や加工品に関する基礎的検討や標準化事業については、関係するメーカーや公設試験場が積極的に取り組んでおり、既存 JIS の改正、新規試験方法の JIS 化・ISO 化等の取り組みを行っています。環境リスクが多様化・深刻化する現代において、ニーズとシーズをしっかりとマッチングさせ、社会に広めていくことが重要です。とくに、昨今では、新型コロナウイルス感染拡大をうけ、光触媒の抗菌・抗ウイルス効果に対する期待が高まっています。KISTEC は、東京工業大や奈良県立医科大との共同研究で、可視光応答型光触媒が新型コロナウイルスを不活化できることを確認しました（2020 年 9 月 25 日発表）。さらに、そのノウハウを活かして、実際にコロナウイルスを使った試験も受託できるよう、準備を整えました。今後も、産・学・公・医の各分野が連携し、光触媒のさらなる応用展開を、適切な評価方法の研究開発がサポートしていく体制が必要となります。

（落合　剛）

## JIS 試験を実施可能な機関および連絡先

| 記号 | 機関名 | 住所・担当部署 | 連絡先 |
|---|---|---|---|
| A | （地独）神奈川県立産業技術総合研究所　川崎技術支援部 | 川崎市高津区坂戸 3-2-1 KSP 東棟 1F<br>太陽電池評価グループ | TEL 044-819-2105<br>FAX：044-819-2108 |
| B | （地独）神奈川県立産業技術総合研究所　川崎技術支援部 | 川崎市高津区坂戸 3-2-1 KSP 東棟 1F<br>材料解析グループ | TEL 044-819-2105<br>FAX：044-819-2108 |
| C | （地独）神奈川県立産業技術総合研究所　抗菌試験室 | 川崎市川崎区殿町 3-25-13 LiSE4c-2<br>光触媒グループ抗菌・抗ウイルス研究グループ | TEL 044-280-1181<br>FAX：044-280-1182 |
| D | （株）環境技術研究所 | 東京都足立区江北 2-11-17<br>調査解析部 | TEL 03-3898-6643<br>FAX：03-3890-3086 |
| E | （一財）関西環境管理技術センター | 大阪市西区川口 2-9-10<br>環境技術部 調査課 | TEL 06-6583-7122<br>FAX：06-6583-3274 |
| F | （一財）化学物質評価研究機構 | 埼玉県北葛飾郡杉戸町下高野 1600<br>化学標準部 技術第一課 | TEL 0480-37-2601<br>FAX：0480-37-2521 |
| G | （一財）日本食品分析センター | 大阪府茨木市彩都あさぎ 7-4-41 彩都研究所<br>微生物部 微生物研究課 | TEL 072-641-8954<br>FAX：072-641-8965 |
| H | （一財）カケンテストセンター | 大阪市西区江戸堀 2-5-19<br>生物ラボ | TEL 06-6441-0399 |
| I | （一財）ボーケン品質評価機構 | 大阪市港区築港 1-6-24<br>大阪機能性試験センター | TEL 06-6577-0157 |
| J | TOTO（株）総合研究所分析技術センター | 神奈川県茅ヶ崎市本村 2-8-1<br>総合研究所 分析技術センター | TEL 0467-54-3595<br>FAX：0467-54-1185 |
| K | （一財）北里環境科学センター | 神奈川県相模原市南区北里 1-15-1<br>微生物部 バイオ技術課 | TEL 042-778-8324 |
| L | （一財）日本繊維製品品質技術センター（QTEC） | 神戸市中央区下山手通 5-7-3<br>神戸試験センター | TEL 078-351-1891<br>FAX：078-351-1894 |

**（光触媒工業会 web サイトの推奨試験機関一覧をもとに作成。）**
**https://www.piaj.gr.jp/roller/contents/entry/2012082**

地方独立行政法人 神奈川県立産業技術総合研究所（KISTEC）のメール技術相談フォームの QR コード⇒

KISTEC 地方独立行政法人 神奈川県立産業技術総合研究所

# 第7章

# 光源系
## 波長特性、強さ、寿命、価格など

太陽光

タングステンランプ

水銀灯

キセノンランプ

発光ダイオード（LED）

レーザー

人工太陽照明灯

chapter 7

# 光源系（波長特性、強さ、寿命、価格など）



## 1 太陽光

太陽光には波長が非常に短いX線や波長が数百mのラジオ波も含まれますが、そのほとんどが紫外線、可視光線または赤外線になります。太陽光のスペクトルを図7-1に示しますが、約半分が可視光（波長400～800 nm）で、残りのほとんどが赤外線（波長>800 nm）になります。波長300 nm以下の紫外線はほとんど含まれておらず、酸化チタンが吸収できる波長約400 nm以下の紫外線は全体の3～4%程度です。特定波長の光で強度の落ち込みが見られますが、これは成層圏オゾン層などで吸収されるため、地上に降り注ぐ量が減少するからです。

太陽から放出される光の強度は一年を通じてほぼ同じですが、地球の公転周期が楕円形であることや地軸の傾きといった天文学的要因によって、地球が受け取る太陽光の強度は季節により変化します。また、その30%が地表面による反射や大気中での散乱、雲による反射により宇宙空間に戻るため、地球に到着するのは残りの70%で、その強度はおよそ100 mW/$m^2$です。

ただで利用できる無尽蔵な光源（太陽の寿命はあと50億年あるといわれています）として魅力的ですが、悪天候時や夜間は当然使用することが出来ません。また、光量、波長分布共に変動が激しい点も問題です。赤外線がかなり含まれているので、反応系の温度上昇について対策をたてる必要もあります。

特に問題なのは、受光する場合のエネルギー密度が低いことです。そのため、反射鏡やレンズを用いて集光したり、太陽の動きを追いかける（追尾する）装置の使用を検討する必要もあります。しかし、受光面積を十分に確保でき、装置が大型になってもかまわなければ、大きな問題にはなりません。

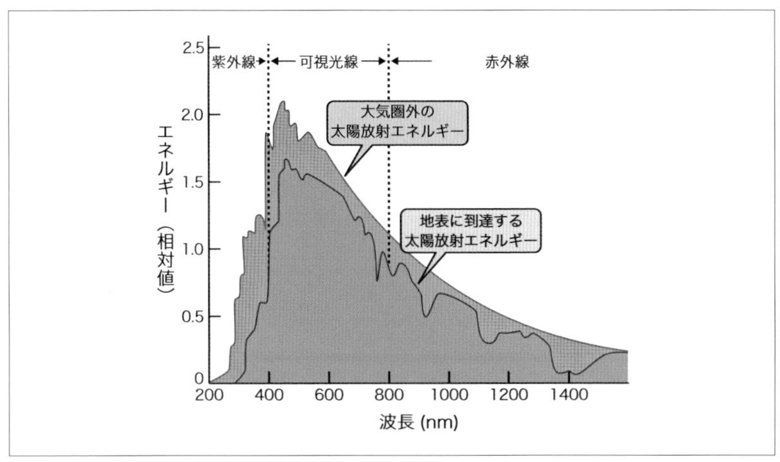


**図 7-1　太陽光のスペクトル**

## 2 タングステンランプ

タングステンランプは、フィラメントにタングステンを用いた白熱電球です。フィラメントの温度が 2,500℃～2,650℃ 程度に上昇し、黒体放射により発光します。可視から近赤外域をカバーする連続光で、赤みを帯びた色をしています。

フィラメントは自身の出す熱で蒸発して痩せ細り断線を起こしたり、蒸発したタングステンが管壁に付着し管壁が黒化したりすることで、光出力が低下します。そのため、通常、タングステンの蒸発を防ぐためにアルゴンや窒素などの不活性ガスが封入されています。

また、不活性ガスに加えて微量のハロゲン元素（F, Cl, Br, I）が封入されれたものもあり、「ハロゲンランプ」と呼ばれます。ハロゲンランプでは、フィラメントから蒸発したタングステンが封入されているハロゲン原子と結合し、ハロゲン化タングステンを形成します。この分子は高温のフィラメント付近でハロゲン原子とタングステン分子に分離し、タングステン原子は再びフィラメントに戻ります。一方、遊離したハロゲン原子は以前の反応を繰り返します（図7-2）。この一連の反応を「ハロゲンサイクル」とよび、これにより管壁の黒化を抑制し、フィラメントの摩耗を防止します。

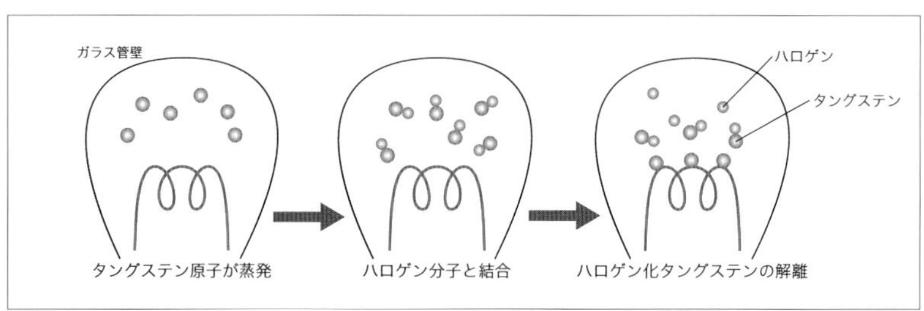


図 7-2　ハロゲンサイクルの概略図

## 3　水銀灯

水銀灯はガラス管内の水銀蒸気中の放電により発生する光放射を利用した光源です。内部の水銀蒸気圧の高低により、低圧水銀灯、高圧水銀灯と分類されます。

低圧水銀灯は、点灯時のランプ内水蒸気圧が約 0.8 Pa（およそ $0.8\times10^{-6}$atm）のもので、グロー放電（持続的な放電）を利用しています。水銀の共鳴線とも言われる波長 184.9 nm と 253.7 nm の紫外線が強力に放射される（図7-3（a））線スペクトル光源で、用途によってランプのガラス材質を変えたり蛍光物質を使うことで波長を調整しています。

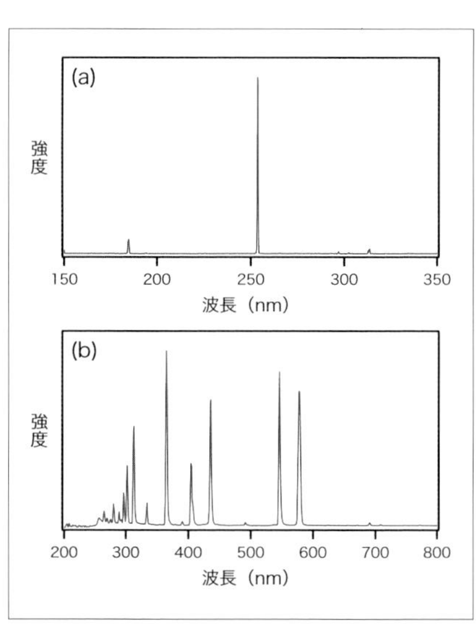


図 7-3　(a) 低圧および (b) 高圧水銀灯の発光スペクトル　（株）オーク製作所提供

ガラス材に純度の高い合成石英ガラスを用いると、ガラスを透過した波長 184.9 nm の光を照射することができます。空気中の酸素がこの波長の光を吸収すると、オゾンが発生するため「オゾンランプ」と呼ばれます。特殊なガラスを使用し価格が高いため、光触媒反応と同時にオゾンによる化学反応も進行させたい場合を除き、ほとんど使われることはありません。一方、ガラス材に普通の石英ガラスを用いると、波長 184.9 nm の光はガラスに吸収されるため、主に波長 253.7 nm の光が放出されます。この波長は殺菌効果が高いことが知られているため、「殺菌ランプ」と呼ばれます。

蛍光物質を用いて波長を調節したランプに「ブラックライト」があります。ガラス内部に波長 350 nm 付近に発光極大を持つ蛍光体を塗り、波長 253.7 nm の光をより波長の長い光に変換しています。また、着色ガラスを用いて可視光を遮断することで、波長 300〜400 nm の紫外線だけが得られます。なお、着色ガラスの代わりに普通のガラスを使った物も、光化学用蛍光灯（ケミカルランプ）として市販されています。両者の違いは、少しの可視光が含まれているかどうかぐらいで、紫外線領域における波長分布と強度はほぼ同じです。ガラス材質によってランプの値段が決まるため、ブラックライトに比べケミカルランプの方がずっと安価です。

照明用蛍光灯（蛍光ランプ）は、様々な蛍光体を塗った物が市販されていますが、主に可視光領域が異なるだけです。微量ではありますが波長 400 nm 以下の紫外線も含まれているため、「蛍光ランプで照射したときに光触媒反応が起こった」としても「可視光で反応が起こった」ことの証明にはならない点に注意が必要です。

高圧水銀灯は点灯中の水銀蒸気圧が 100 k－1,000 kPa（1-10 気圧）程度のもので、アーク放電（激しい光と熱を発する持続定期な放電）を利用したランプです。一般的に水銀ランプといえば、こちらの高圧水銀灯を指します。発光スペクトルを図 7-3（b）に示しますが、紫外から可視光領域にかけて、多数の輝線が見られます。

照明用の市販品のほとんどは空冷型で、数千円程度で購入できます。それに対し、光化学用の物は石英製の外管が付いており、発光部と外管の間に冷却水を流す物が多く、数十万程度はかかります。

水銀灯を点灯させるためには、電圧を印加し電極が保温され、水銀蒸気圧が十分高くなる必要があるため、電源を入れてもすぐには点灯しません。点灯した後も、一定の輝度になるまで数分程度待つ必要があります。また、点灯していた水銀灯は水銀蒸気圧が高く、過熱された状態になっているため、消灯後すぐには再点灯のための放電が出来ません。そのため、再点灯するためには、時間をかけて水銀蒸気圧と温度を下げる必要があります。

なお、水銀に関する水俣条約により特別に許可された場合を除き、水銀灯は2021年以降は製造・輸出入が禁止されます。

## 4 キセノンランプ

キセノンランプは、アーク放電（激しい光と熱を発する持続定期な放電）によるキセノンガスの励起によって発光する放電ランプです。高輝度で、入力電力変動や寿命に伴う発光スペクトルの変化が少ないという特徴があります。水銀灯と異なり蒸気製造の必要がないため、瞬時に安定した出力が得ることが可能です。

紫外域から可視光域にかけて、発光スペクトルの波長分布が太陽光のそれに似ていることから、疑似太陽光照射装置（ソーラーシミュレーター）の光源に使用されています。また、およそ400〜800 nmの波長領域で光強度がほぼ一定である上、発光部の形状が点に近い（点光源）ため、波長ごとに分けて照射する分光器の光源として最適です。

冷却は空冷式で、ランプハウスを使う物が基本です。ランプそのものに反射鏡を組み込み、効率よく集光できるようにした物もあります。

## 5 発光ダイオード（LED）

発光ダイオードはp/n接合に電流を流して発光させる半導体発光素子で、その基本原理は図7-4のようになっています。順方向の電圧をかけると、正孔（ホール）と電子はp/n接合に向けて移動し、双方が結合して消滅します。このとき、電子がエネルギーの高い状態から低い状態に移り、余ったエネルギーが光として外部に放出されます。

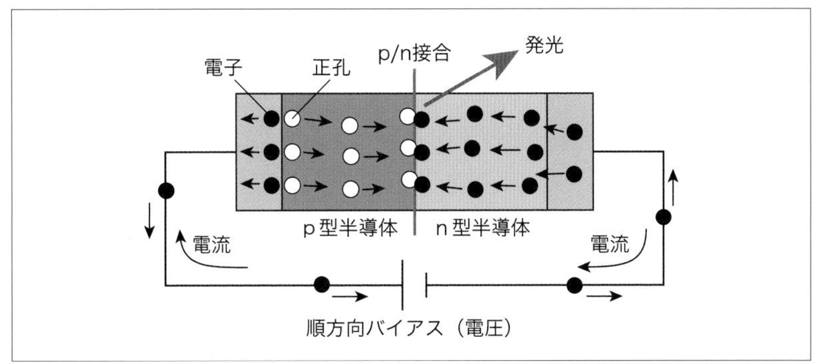


**図7-4　発光ダイオードの概略図**

p/n接合での正孔と電子の結合は電子がエネルギーの高い伝導帯からエネルギーの低い価電子帯に落ちることにより起こります。そのため、このエネルギー差（バンドギャップ）にほぼ相当するエネルギーが光として放出されます。そのため、LEDは単色性が高い（発光のスペクトルが10～20 nmと狭い）という特徴があります。

バンドギャップが大きいほど、よりエネルギーの高い光、すなわち波長の短い光が放出されます。バンドギャップの値は半導体の材料で異なっていますので、発光させたい色に合うバンドギャップの材料を選んで発光ダイオード（LED）を作製します（なお、白色光は青色や紫外光のLEDに蛍光体を組み合わせるか、赤色・緑色・青色の3色のLEDを組み合わせることで得ることができます）。

紫外光LEDは従来の水銀灯と異なり直ちに発光し、瞬間的なオン/

オフが可能なため、常時点灯させる必要がありません。水銀などの有害物質を含まず、オゾン発生もおこらないため環境に優しい光源です。また、消費電力も小さく、長寿命な光源でもあります。さらに、既存の光源よりも小さく放射熱も小さいため、多様かつ柔軟なアプリケーション設計が可能となります。そのため、既存の光源を置き換えるものとして注目を集めています。表7-1に紫外線LEDのメーカ（2021年1月現在）をまとめました（韓国や台湾のメーカのものも含まれています）。可視光LEDの製造装置が使用できることもあり、UV-A（波長315 nm～400 nm）のLEDが多く製造されていますが、より波長の短く殺菌効果の強いUV-C（波長100～280 nm）のLEDも市場に出てきました。

光触媒は紫外光や可視光の光を必要とするため、LEDを光源としたときに、どれだけの光触媒反応をこの光源で発揮できるかを性能評価をすることが、今後大変重要になります。また、性能評価で使用するためのLEDのどのものを選択するかも重要となります。このことから、現在、光触媒材料の性能評価で使用する標準光源を可視光LEDとするための活動が進められています。既に、国際規格案として、規格化の中間地点まで来ています。近いうちに、標準光源としての可視光LEDの利用が可能になると思われます。更に、紫外光LEDについても、標準化に向けた取り組みが開始しています。こちらも、数年後には標準光源として利用することが期待されています。

**表7-1　紫外線LED製造メーカー一覧**（2021年1月現在）

| メーカー名 | 製品 URL | QR コード |
|---|---|---|
| 高槻電気工業 | http://www.takatsuki-denki.co.jp/products/vc_uvled.html | |
| 京都セミコンダクター | https://www.kyosemi.co.jp/products/ked373us1/ | |
| ユニテク | http://www.uni-technology.co.jp/seihinjoho2.html | |
| ケイ・ワイ・トレード | https://ky-trade.co.jp/product/product_syodokei/syodokei_75/ | |
| オプトサイエンス | https://www.optoscience.com/maker/crystal_is/ | |
| アイテックシステム | https://aitecsystem.co.jp/category/uv-led/dv-uv-led/ | |
| 日機装 | https://www.nikkiso.co.jp/products/duv-led/products.html | |
| 日亜化学工業 | http://www.nichia.co.jp/jp/product/uvled.html | |
| レイトロン | https://www.raytron-japan.co.jp/uv-led/ | |
| フェニックス電機 | https://www.phoenix-elec.co.jp/product/led/ | |
| ナイトライド・セミコンダクター | http://www.nitride.co.jp/products/lineup.html | |

**表7-1　紫外線LED製造メーカー一覧**（2021年1月現在）

| メーカー名 | 製品 URL | QR コード |
|---|---|---|
| スタンレー電気 | https://www.stanley-components.com/jp/product/ultraviolet.html | |
| コーデンシ | http://www.kodenshi.co.jp/news/2008/11/uv-led.html | |
| エルシード | http://elseed.com/jproducts/jthe-kamiyama-led/ | |
| ウシオ電気 | http://www.ushio-optosemi.com/jp/products/led/ | |
| アルワン電子 | https://www.alpha-one-el.com/products_01.html | |
| SEOUL VIOSYS CO., LTD. | https://www.businesswire.com/news/home/20180813005211/ja/ | |
| Sensor Electronic Technology (SET) | http://www.s-et.com/en/product/lamp/ | |
| Refond | http://www.refond.co.jp/uvled.html | |
| OptoSupply | http://www.optosupply.com/product/list2.asp?id=216 | |
| Lumex | https://www.lumex.com/led-thru-hole.html?specs=26619 | |
| Ligitek Electronics | https://www.ligitek.com | |

| メーカー名 | 製品 URL | QR コード |
|---|---|---|
| LEDtronics | https://www.ledtronics.com/products.aspx?page=18#undefined,-1 | |
| Jenoptik | https://www.jenoptik.com/products/optoelectronic-systems/photodiodes-and-led/point-sources | |
| DOWA エレクトロニクス | https://www.ultraviolet-led.com/wave/ | |
| Crystal IS | https://www.klaran.com/products/uvc-leds | |

## 6 レーザー

レーザーとは指向性（ほとんど広がることなくまっすぐに進む）、単色性（波長が一定）、可干渉性（コヒーレンス）（光の波の山と谷が揃っている）に優れた光を発生する装置です。

レーザーには様々な種類がありますが、ここでは、LEDと発光の仕組みが同じである半導体レーザーについて説明します。

半導体レーザーの基本構造は図7-5のようになっています。活性層（発光層）をn型とp型のクラッド層で挟んだ構造（ダブルヘテロ構造）がn型基板上に作られており、活性層の端面で光が反射するようになっています。順方向に電圧をかけるとn型クラッド層から電子が、p型クラッド層から正孔が活性層に流入し、活性層内で再結合して発光します。この光はまだレーザー光ではありませんが、クラッド層の屈折率が活性層より低いので、光は活性層内に閉じ込められます。また、活性層の両端面が反射面の役割をするため、光は活性層内を増幅されながら往復して誘導放出（位相の揃った強い光が発生する現象）を起こします。このようにして、レーザー光が発せられます。

光源としてレーザーが必要な場面は、実用途においてはあまりないと思われます。その一方、その単色性や多光子吸収をも可能にする強い光強度から、基礎研究においては役に立つものと考えられます。



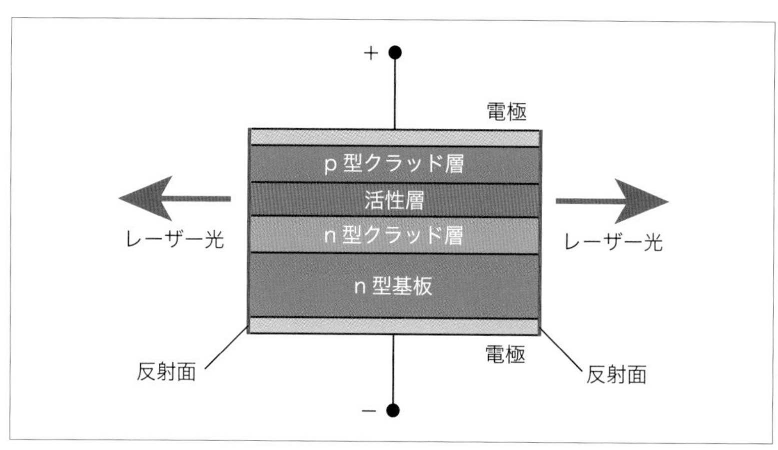


**図 7-5　半導体レーザーの概略図**

## 7 人工太陽照明灯

室内で太陽光に近い光を出す光源も上市されています。１例を以下に示します。

SOLAX-NEXTの 商 品 名（図7-6） でLEDランプを用いており、波長分布は図7-7に示すように可視光領域でフラットな分布を示す。

ほ か に も SOLAX100 W シ リ ー ズ やSOLAX500 W シリーズがあります。

図 7-6　人工太陽照明灯 SOLAX

［問い合わせ先］

セリック株式会社　東京都港区赤坂6-3-8-703　TEL：03-6807-4811

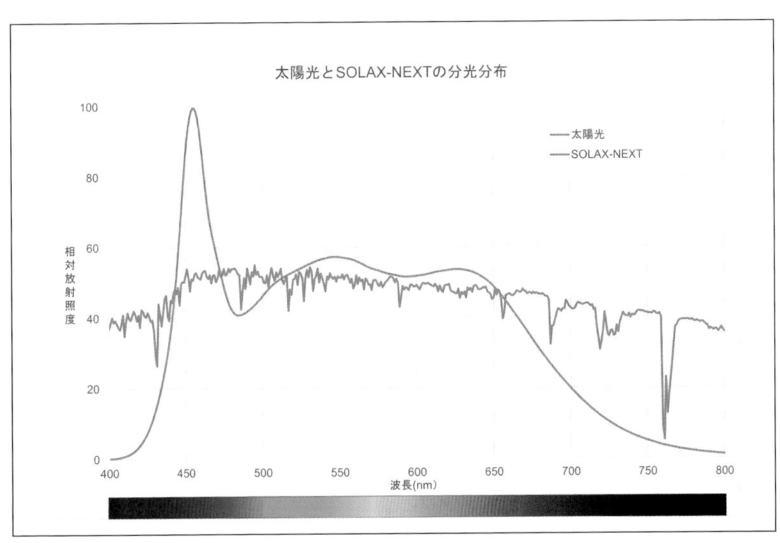


図 7-7　太陽光とSOLAX-NEXTの分光分布

代表的な光源のスペクトル分布を示すとこの様な図になります（図7-8）

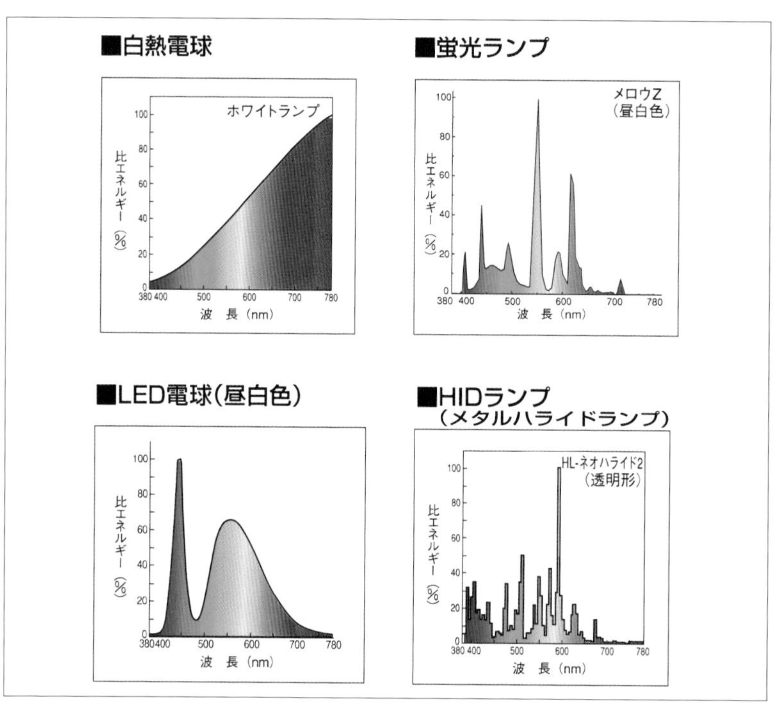


**図 7-8　光源の分光分布**（出典：東芝ライテック HP）

（鈴木孝宗）

# 第8章

# 装置系

酸化チタン光触媒反応の“弱点”と
それをふまえた設計指針

効果的な設計の例

光触媒反応とホウ素ドープダイヤモンド電極による
電解を組み合わせた水浄化

まとめ

chapter 8

# 装置系

近年、酸化チタン光触媒による環境浄化への期待が高まっています。これは、大気汚染をはじめとする環境問題の深刻化、ノロウイルスによる感染性胃腸炎の多発、新型インフルエンザや新型コロナウイルスの感染拡大など、環境リスクの増加・多様化に伴い、環境浄化装置の需要が高まっていることが背景にあると考えられます。しかし、酸化チタン光触媒の環境浄化装置分野への応用は、超親水化による洗浄効果が大きい外装材分野と違い、技術的にハードルが高い分野です。ここでは、いくつかの実例をふまえ、効果的な環境浄化装置の設計指針を解説します。

## 1 酸化チタン光触媒反応の“弱点”と、それをふまえた設計指針

酸化チタン光触媒反応における物質分解は、紫外線による励起電子と正孔の生成と、それに続く活性酸素種の生成がトリガーとなります。その点で、活性点で熱的に反応が促進される通常の触媒反応とは大きく異なります。したがって光触媒反応は、比較的低温で反応が進むものの、充分な紫外線量が得られない場合は反応速度が著しく遅くなります。図8-1に、簡単な試算を示します。地表1 $cm^2$ あたりに降り注ぐ太陽光線中の紫外線の光子

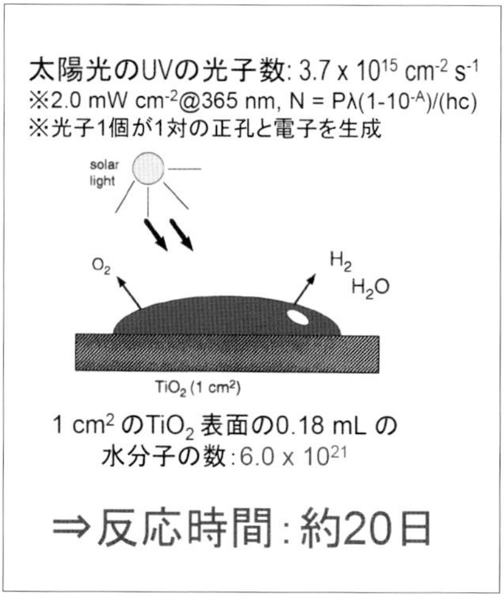

太陽光のUVの光子数: 3.7 x $10^{15}$ $cm^{-2}$ $s^{-1}$
※2.0 mW $cm^{-2}$@365 nm, N = Pλ(1-$10^{-A}$)/(hc)
※光子1個が1対の正孔と電子を生成
solar light
$O_2$
$H_2$
$H_2O$
$TiO_2$ (1 $cm^2$)
1 $cm^2$ の$TiO_2$表面の0.18 mL の水分子の数: 6.0 x $10^{21}$
⇒反応時間:約20日

図 8-1　光触媒の反応速度のイメージ図

数は、せいぜい毎秒 $10^{15}$ のオーダーです。この光子1個が、それぞれ最終的に表面の分子1個を分解可能と仮定しても（量子収率100%)、1 $cm^2$ の酸化チタン表面に付着したほんの数滴の水（0.18 mL、分子数6.0 $\times 10^{21}$ 個）を完全分解するのに約20日かかる計算になります。

つまり、光触媒反応は、大量の汚染物質を短時間で分解することが原理的に困難であるといえます。とくに、水を浄化する場合、汚染物質が光を遮断ないし散乱させてしまい、光触媒表面に十分な光が届かないことに加え、物質の拡散が遅いために、分解対象の物質も光触媒表面に届きにくく、さらに反応効率が低下しやすいという問題もあります。ここでは、光触媒を応用した効率的な環境浄化装置を創出するポイントを以下の二点とし、空気清浄機などの具体例をあげて解説します。

**(1) 酸化チタン光触媒担持体および反応器を、反応面積と物質輸送効率を最大化できるようデザインする**

**(2) 電解やオゾン処理など、他の処理技術と酸化チタン光触媒反応とを併用し、相乗効果を活用する**

## 2 効果的な設計の例

酸化チタン光触媒は、一般的に数 nm～数十 nm の粒径をもつ微粒子の状態で存在しており、そのまま空気や水の浄化に用いると、処理後に濾過フィルタ等で酸化チタン微粒子を除去しなくてはなりません。したがって、実用性の観点から、酸化チタン微粒子を基材表面に担持して光触媒フィルタとし、これを紫外光源と組み合わせて空気および水の浄化に供する方法が用いられています（図8-2)。たとえば空気清浄機の場合、プレフィルタ、光触媒フィルタ、紫外光源、ファンを組み込んだ構造になっており、室内の有害物質や微生物などは、ファンで取り込まれて光触媒フィルタ表面に吸着し、紫外光照射による光触媒反応で酸化分解されます。現在、多孔質セラミックフィルタなどに酸化チタン微粒子を焼き付けた光触媒フィルタが開発され、実用化されています。さらなる応用展開をめざし、家電メーカーを中心に、光触媒フィルタおよびそれを組み込んだ空気清浄機の高性能化、小型化、コストダウンなどが検討されて市場に登場してきています（第9章参照）。

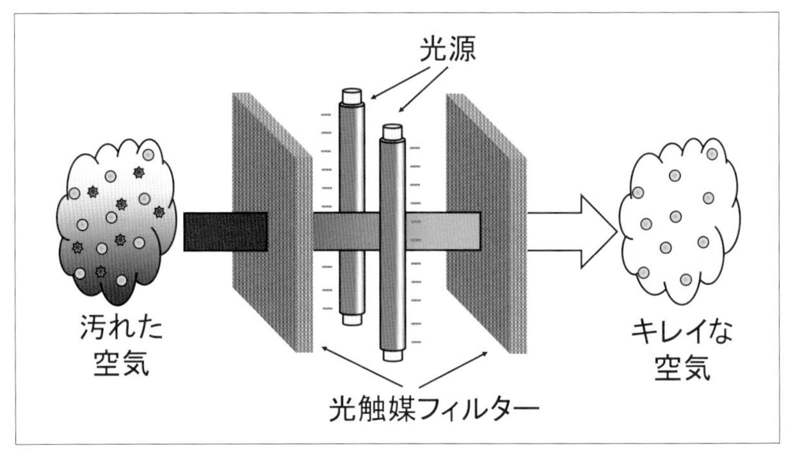


**図 8-2　光触媒式空気清浄機の基本構造**

光触媒製品の評価や研究開発を実施している（地独）神奈川県立産業技術総合研究所（KISTEC、第6章参照）では、サンスター技研株式会社などと共同で、厚さ0.2 mmのチタンメッシュ基材表面に酸化チタン微粒子を焼き付けた光触媒フィルタTMiP™（titanium mesh impregnated photocatalyst）を開発してきました。この光触媒フィルタの利点として、酸化チタン微粒子をチタン表面に焼き付けることで、高い密着力が得られていること、また、従来のセラミック製フィルタと違って展性・延性に富む金属の多孔質薄膜を用いているため、自由に加工して紫外光照射領域の確保および気流・水流の設計が容易であること、さらに、セラミックフィルタより軽く、強度もあり、かつ低コストとなることがあげられます。加えて、プラズマ処理やオゾン処理と併用しても破壊されません。つまり、前項で提案した二点の設計指針を満たす光触媒材料として理想的な特性を備えています。これまでに、このTMiP™を組み込んだ諸種の環境浄化装置が研究・製品化されてきました（図

8-3)。近年では、TMiP$^{TM}$とプラズマ処理と組み合わせた空気清浄機が、喫煙室のたばこ煙に含まれる臭気成分を、ワンパス条件でも効果的に脱臭できることや、小型光触媒除菌消臭器『ルミネオ』が、マクセルより販売されていること（図 8-4）が話題になっています。次の第 9 章でも、この TMiP$^{TM}$ の応用製品を紹介します。

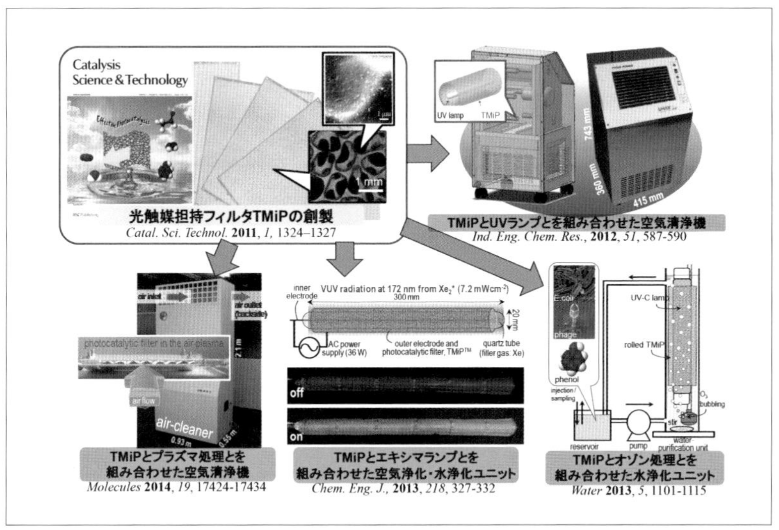


**図 8-3　光触媒フィルタ TMiP$^{TM}$ とその応用展開**

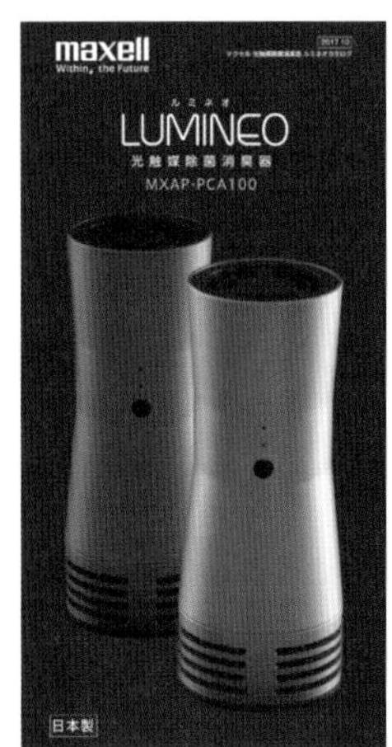


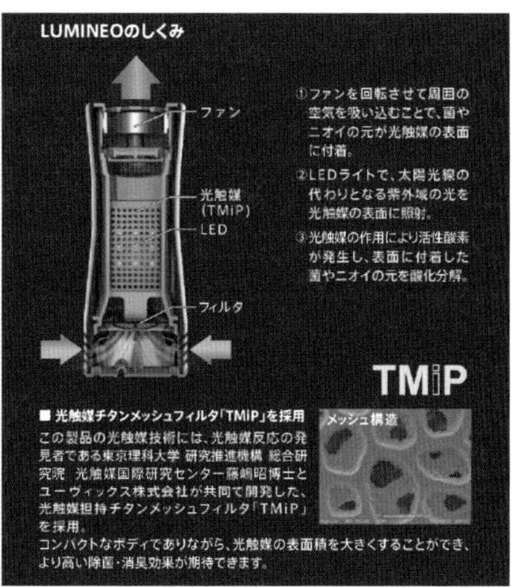


出典：マクセル株式会社 光触媒除菌消臭器「ルミネオ」MXAP-PCA100カタログ

**図 8-4　小型光触媒除菌消臭器『ルミネオ』**

## 3　光触媒反応とホウ素ドープダイヤモンド電極による電解を組み合わせた水浄化

1で述べたように、光触媒反応のみによる効率的な水浄化は困難です。そこで、オゾン処理など、他の技術を組み合わせた方法が検討されています。一例として、ダイヤモンド電極による電解を組み合わせた水浄化装置について解説します。本来絶縁体であるダイヤモンドにホウ素をドープしたダイヤモンド（Boron-Doped Diamond, BDD）電極は、センシングデバイスや高耐久性電極としての応用が期待されている材料です。BDD電極を陽極として用いた場合、水の電解によって、オゾンやOHラジカルなどの強力な酸化剤が生成することが知られています。つまり、有機物によって高度に汚染された水でも、BDD電極表面での有機物の直接酸化と、生成した酸化剤による間接酸化によって、効率よく浄化することができます。このBDD電極による電解と酸化チタン光触媒反応とを組み合わせた水浄化システムが研究されています。システムの外観と処理フローを図8-5に示します。

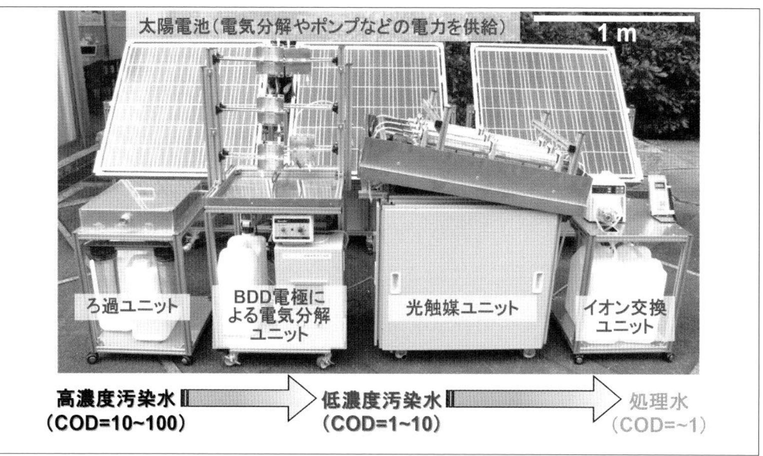


**図 8-5　BDD 電極による電解と光触媒反応とを組み合わせた水浄化システムの外観と処理フロー**

（Ochiai, T. et al. Development of solar-driven electrochemical and photocatalytic water treatment system using a boron-doped diamond electrode and $TiO_2$ photocatalyst. Water Research 44, 904-910（2010）より）

予備試験では、光触媒反応のみでは分解が困難な難分解性物質を含む水も、電解と組み合わせることで効率よく浄化できました。なお、この水浄化システムの生物学的浄化性能も検討するため、河川水サンプルを数ステップに分けて処理し、電気分解や光触媒反応の前後における生菌数を測定した結果、電気分解と光触媒反応による段階的な処理によって、大腸菌群ならびに一般細菌は検出限界以下にまで減少していました。しかも、浄化の際の電気分解やポンプ駆動の電力は、日中の太陽電池による発電でまかなえていました。したがって本システムは、災害時の飲料水確保などに応用できると期待されました。

しかし実際には、河川水などの浄化には、ろ過や電解質添加・イオン交換などの操作も必要となり、数時間かけて 0.5 L ペットボトル 1 本分の水を得られる程度の効率になってしまいました。また、フィルタや太陽電池などのメンテナンスにかかるコストも考慮しなければなりません。光触媒による水浄化には、まだまだ課題が多い状況です。

## 4 まとめ

本章では、光触媒反応が表面反応であるがゆえの弱点と、それをふまえた効果的な環境浄化機器の設計指針を示しました。ここで例示したように、光触媒反応を他のシステムと組み合わせ、お互いの有利な点を出し合い、不利な点を補うことによって、よりよい環境浄化装置が構築できると考えられます。現在、様々な企業や研究機関が、近年の環境リスクの多様化・深刻化による浄化機器のニーズにこたえるべく、酸化チタン光触媒の酸化分解力を活かした環境浄化への応用に注力しています。そういった企業や研究機関も、ここで述べた設計指針のように、お互いのノウハウや得意分野を出し合い、補い合うことが大切です。それらの努力が大きなブレイクスルーを生み出し、光触媒による快適で持続可能な社会の構築につながります。

（落合　剛）

# 第9章

# 製品例

1 住宅外装：外装タイル
2 大型施設用テント
3 外装塗料（コーティング材）
4 工事現場囲い
5 工場外装
6 窓ガラス
7 家電製品：空気清浄機・エアコン
8 フィルタ
9 冷蔵庫
10 医療・農業関係：病院
11 老人ホーム
12 水浄化系
13 地下水の浄化
14 道路資材：トンネル照明
15 遮音壁
16 道路
17 車関係：サイドミラー
18 鉄道
19 衣類：マスク
20 エプロン
21 布製品
22 タオル
23 住宅内装：ブラインド・カーテン
24 照明
25 光触媒蚊取り器

**光触媒工業会登録製品一覧**

chapter 9

# 製品例



これまで見てきたように酸化チタンは「強い酸化分解力」と「超親水性」という二つの機能を持っており、その組み合わせにより、現在、空気浄化、水浄化、抗菌、防汚・防曇といった様々な用途で活用されています（図9-1）。現在、光触媒の市場は、1,000億円規模とも言われています。

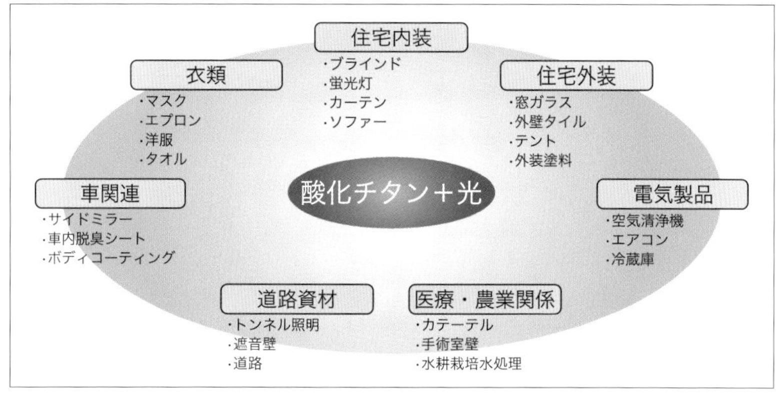


**図9-1　光触媒の応用事例**

この光触媒を応用した最初の製品は、TOTO（当時は東陶機器株式会社）が1993年に酸化チタンをコーティングしたタイルを「光触媒抗菌・防汚・脱臭タイル」（以下、「光触媒タイル」という。）と名付けて、販売されました。現在、この光触媒タイルは身近で活用されている光触媒製品の代表例となっています。

光触媒タイルは、光触媒の持つ「強い酸化分解力」により汚れや菌などが分解され、また、「超親水性効果」により、雨水がタイルに当たると、汚れの下に水が潜り込み、付着した汚れが流し落とされる「セルフクリーニング効果」が発揮されます（図9-2）。この二つの機能により、カビなどが生えにくく、汚れが付きにくい状態が長く続き、家のメンテナンスにかかるコストを抑えることができます。また、この機能はテント材料にも応用されています。東京駅の八重洲口のグランルーフ（図9-3）に張られている白色のテントも光触媒テントで、この光触媒の優れた効果で汚れが付きにくくなっています。さらに、白いテントは光が入るため昼間は照明がいらず、かつ色が白いため日射の反射率が高く、内部の温度が上がりにくいことから省エネルギーにも役立っています。

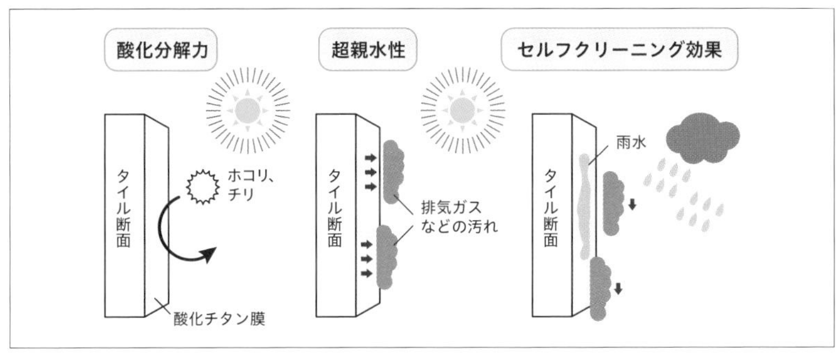


**図 9-2　光触媒のセルフクリーニング効果**

出典：藤嶋昭著『第一人者が明かす光触媒のすべて』（ダイヤモンド社、2017 年）

**図 9-3　東京駅八重洲口のグランルーフ**

さらに、光触媒は、がんの治療など、医療分野への応用、環境浄化への応用、農業分野への応用の可能性が模索されるとともに、光触媒を用いて太陽エネルギーを直接水分解に利用し効率的に水から水素を製造させる研究開発（人工光合成）の効率向上などの研究開発が世界的に推進されています。

光触媒の研究は発見からこれまでにほぼ10年ごとに新たな展開が起こり、材料開発や効率向上という基礎研究のみならず、環境・エネルギー分野への応用研究の面からも大きな展開が進んでいます。今後、様々な分野で光触媒を活用した技術が開発され、人々の生活に良い変化をもたらしていくことが期待されています。

本章では、様々な用途で応用されている光触媒製品の代表的な事例について紹介します。



## 1 住宅外装：外装タイル

住宅の美を創造・維持する光触媒タイルは、現在では、大和ハウス工業、旭化成ホームズ、一条工務店など、ほとんどのハウスメーカーが光触媒技術を採用しています。松下幸之助氏が1963年に「家族の幸せを育み、人格の成長をはかる場となるような、よい家を作りたい」との強い使命感に基づいて創業されたパナソニック ホームズもそのひとつです。いつまでも快適に暮らせる住まいを作るための構造と技術の価値として、パナソニック ホームズは4つのキーワード「柔」「強」「健」「美」を掲げています。これは、私たちが暮らすすべての住まいに当てはまる価値です。美しさを維持し愛着を育み続ける価値として、その住宅の「美」を創造するために採用された技術が、外壁用光触媒タイルです。

具体的には、オリジナルの高性能光触媒タイル「キラテック」をTOTOとともに開発し、現在では、タイル外壁が持つ見栄えのする重厚感や高級感に加えて、5柄27色の豊かなバリエーションを取り揃えています（図9-4）。

また、2014年度にグッドデザイン賞に選定された光触媒タイル「キラテック」は、酸化チタンの配合による虹彩現象により、光の当たり方や見る角度によって、タイルの陰影が変化し独特の風合いを醸し出すことから、機能性にプラスしてデザイン性にもすぐれた製品として、これからあらゆる場所で活用されていくのではないかと楽しみにしています。この他に外壁材としてケイミューの「光セラ」なども多く利用されてきています。

**図 9-4 パナソニック ホームズ光触媒タイル**

出典：パナソニックホームズ株式会社 HP

## 2 大型施設用テント

光触媒機能を持つ外装用建築資材の中でも、テント膜材はユニークな発展を遂げています。テント膜材といえば、東京ドームを思い浮かべる方も多いのではないでしょうか。1988 年に誕生した東京ドームの屋根は、ガラス繊維にフッ素樹脂をコーティングしたテント膜材で構成されていて、四半世紀以上が経った現在でも、十分な強度が保たれています。しかし、東京ドームが施工された頃は、残念ながら光触媒の応用研究はまだ黎明期でしたので、表面を自動的にキレイに保つセルフクリーニング機能はついていません。その後、東京ドームの膜材を作っていた太陽工業（https://www.taiyokogyo.co.jp/）が複数の企業と協力し、光触媒技術をテント膜材に導入する応用開発に取り組み、現在では光触媒テントとして、様々な実績が広がってきています。屋外で長期間使用される膜構造建築物の膜材料には、大きく分けて２種類あります。ひとつは塩化ビニル樹脂がコーティングされた塩ビ膜で、もうひとつは、フッ素樹脂がコーティングされたフッ素膜です。

塩ビ膜の場合には、塩ビが酸化チタンの酸化分解力で劣化してしまうため、中間にバリア層（保護接着層）を介在させて、その上に光触媒層をつけます。

一方、フッ素樹脂は酸化チタンによって酸化分解されないため、酸化チタン微粒子を配合したフッ素樹脂を、ベースとなるフッ素樹脂膜の上に直接コーティングします。このフッ素樹脂膜材では、光触媒の粒子が膜材と一体化していて劣化することがなく、半永久的に光触媒機能を維持することができます。

もともと、テント膜材の特長として、軽くて丈夫で、内部が明るく、自由な造形が可能なことなどがありますが、その表面に光触媒機能を持たせた光触媒テントでは、テント膜材の可能性を広げてくれるすばらしい特長があります。基本は、他の外装用建材と同様に、①太陽と雨の力で自ら汚れを落とし、メンテナンスコストを軽減できるセルフクリーニング効果と、②大気中のNOxを分解して空気をキレイにする効果ですが、それに加えて、③表面に汚れがつきにくいため、内部空間の明るさをいつまでも保つことができ、さらに、④太陽光の反射率が上がるため、室内が暑くなりにくく省エネに貢献できるなどです（図9-5）。

**図9-5　光触媒テントの4つの特長**

出典：藤嶋昭著『第一人者が明かす光触媒のすべて』（ダイヤモンド社、2017年）

これらの特長を活かし、光触媒テント倉庫では、倉庫内の温度の上昇を抑えることができ、これまで導入が難しかった食料品や薬品などの分野の倉庫にも活用されるようになりました。温度上昇を抑えて紫外線もカットできる光触媒テントは、スポーツ施設にも最適で、テニスコート、フットサル場、バッティング練習ドームなどにも使われています。

## 3 外装塗料（コーティング材）

一般の住宅、高層ビルや工場で、その外壁材として光触媒タイルに加え、塗料（コーティング材）が選ばれる事例が急増しています。この分野を開発当初から牽引してきたのが、石原産業の酸化チタン材料、TOTOのハイドロテクト技術であり、日本曹達の光触媒コーティング材「ビストレイター」です（図9-6）。

TOTOでは、浴室タイルなどの内装用光触媒タイルの開発からスタートして、外壁用タイル、さらにはタイル以外の外壁材にも塗れる光触媒塗料（コーティング材）へとその関連製品の幅を広げ、特許の取得、海外への技術移転と、日本発の光触媒技術を着実に世界へと展開しています。

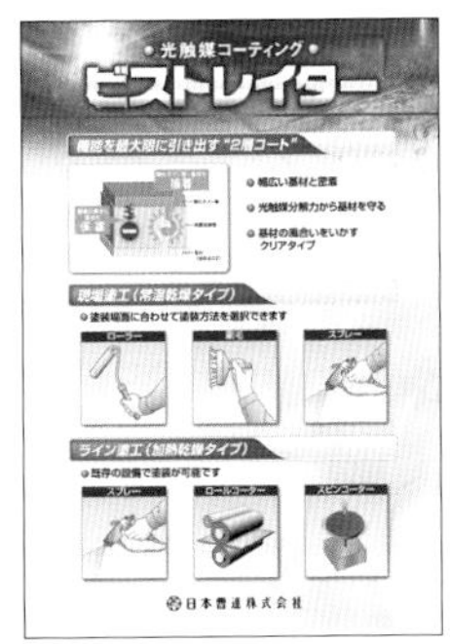


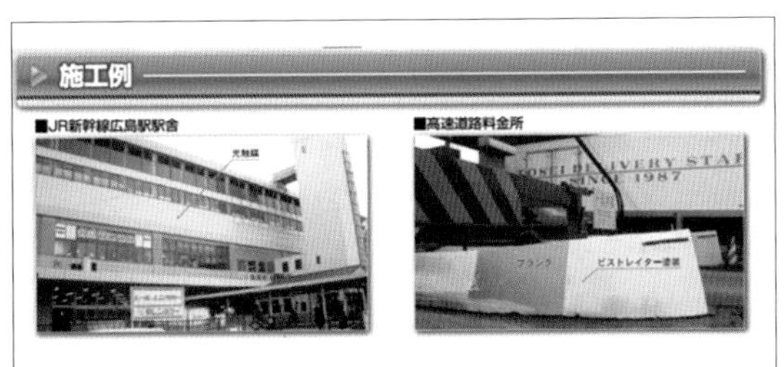


**図 9-6　ビストレイター**

出典：日本曹達株式会社 HP　技術資料

高層ビルや工場の建つ場所では、周辺道路の慢性的な渋滞などにより、環境中の大気の汚染は免れず、これが建物外壁の汚れに直結します。日本では自動車の排気ガス規制が強化され、高度成長期のようなひどい大気汚染は改善されていますが、世界に目を転じると、北京の大気汚染は深刻ですし、アジア・アフリカなど各国都市開発の進展と並行して起こる大気汚染は、いまだ解決されていない地球規模の課題です。そのような場所でビルや工場を建てる際に、建物外壁を丸ごと光触媒で覆うと、その建物自体を光触媒のセルフクリーニング機能でキレイに保てると同時に、大気汚染物質NOx（窒素酸化物）を除去し、大気をキレイに保てます。高層ビルの外壁となると、清掃にも大きなコストがかかりますし、作業員にかかる危険も相当なものです。そのメンテナンス回数を抑えながら、建物をキレイに保てれば、清掃作業員の危険を回避したり、コスト削減にもつながったりします。そのための切り札として光触媒タイル・コーティング材を選択する事業者が増えています。

最近では、ヨーロッパ各地や中国などへも日本の光触媒技術が導入され、光触媒コーティングされた建物が増えてきています。たとえば、ドイツ・ブレーメン市の居住用ビルや中国・広東省のマンション、イタリアでは教会の建物に使われています。

また、日本発の光触媒を、日本特有の材料と組み合わせた複合塗料も開発されています。鹿児島イーデン電気の「イーデンペイント」（図9-7）がそうです。鹿児島と言えば桜島が有名ですね。実に鹿児島県の半分以上の面積が、火山灰や軽石などの火山噴出物（シラスと呼ばれています）でできた「シラス台地」なのです。このシラスは、吸着材として使われているシリカゲルやアルミナと同じ成分や構造をもっているため、消臭・調湿機能をもつ建材に応用できる「天然素材」です。また、高熱をかけるとガラスのように加工できるため、発泡させて中空の小さな球（シラスバルーン）とし、各種材料に混ぜることで、軽量化したり、断熱性を向上させたりできます。鹿児島イーデン電気の「イーデンペイント」は、このシラスバルーンを主成分とした塗料に、さらに自社で開発した銀系ハイブリッド光触媒「イーデンフラッシュ」を組み合わせ、光触媒効果と遮熱効果をあわせもつ塗料として開発されました。このように、特徴ある材料や技術を組み合わせることで、とてもオリジナリティの高い製品ができます。

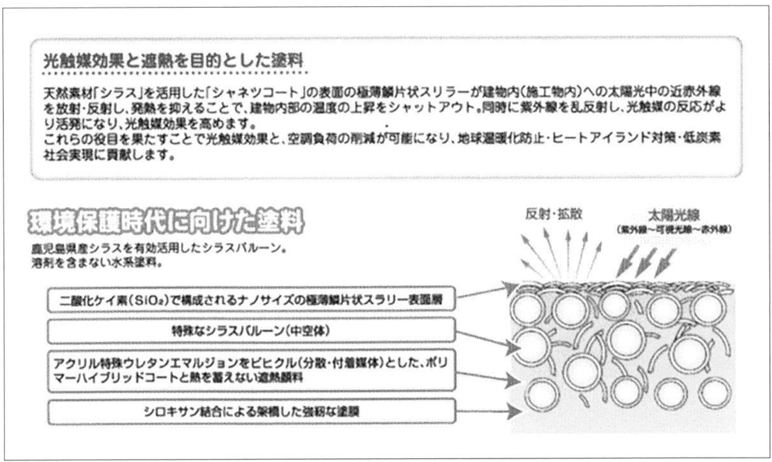


**図 9-7　イーデンペイント**

出典：株式会社鹿児島イーデン電気　パンフレット

## 4　工事現場囲い

街中の工事現場や建設現場で安全対策の一環で設置されている仮囲いフェンスが、最近、建設現場のイメージアップや街並みの景観に合わせた仮囲いフェンスに変わってきています。この仮囲いフェンスはレンタルで使用されることが多いため、汚れ防止対策として光触媒を表面にコートしたタイプも増えてきています。光触媒はセルフクリーニング効果だけではなく、大気浄化や脱臭などの効果があり、近隣・環境対策として注目されているようです。例えば、日本機電では、独自の方法で合成樹脂シートの表面に安定して光触媒をコーティングするシステム「eco光触媒シート」（図9-8、図9-9）を開発しました。既存の仮囲いフェンスにも張り付けて使用することができるそうです。この製品にはNKエコマークステッカーが付いているので、既に街のどこかで見かけた方もおられるかもしれません。

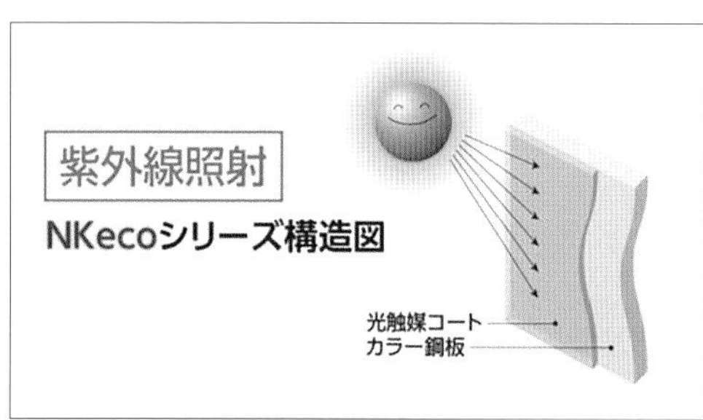

**図 9-8　NKeco シリーズ構造図と NK エコマーク**

出典：日本機電株式会社 HP



街の工事現場でこのマークを見つけたら、仮囲いの表面がきれいに保たれていることを確認するのと一緒に太陽の光を利用して空気をきれいにしていることを想像してみてください。

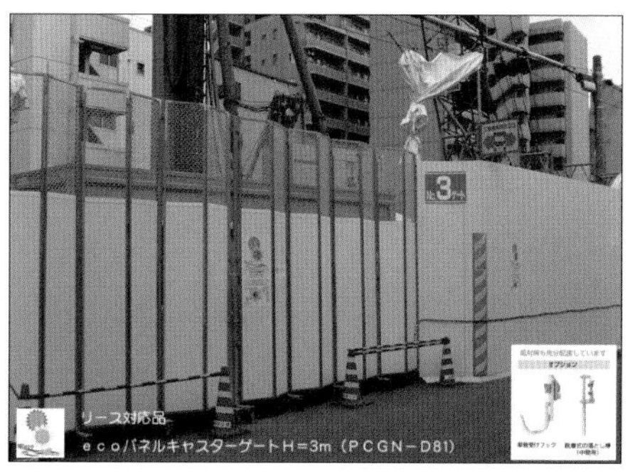


**図9-9　NKecoパネルキャスターゲート（3m）［PCGN］** 出典:日本機電西日本株式会社HP

## 5　工場外装

光触媒タイルが環境に配慮したエコ技術であるというのは、セルフクリーニング効果の他に、もうひとつの理由があります。それは、表面に付着する汚れの分解にとどまらず、環境大気中の有害汚染物質 NOx（窒素酸化物）を分解し、浄化する能力を持っていることです。つまり、光触媒には太陽の光を利用して、空気をキレイにする力もあるのです。この効果についても、JIS（日本工業規格）できちんと認められ、性能評価が行われています。自然環境に目を向ければ、大気をキレイにする力は、森の樹々など植物にも備わっているものです。たとえば、広葉樹の中でもポプラの木は、空気浄化能力の高い樹木として知られています。あるメーカーの試算によれば、200 平方メートルの光触媒タイルの NOx 分解力は、ポプラ約 14 本分に相当するとのことです。その根拠は、ポプラの葉 1 枚の NOx を吸収する力とポプラ 1 本分の葉の数 1 万 5000 枚をベースに計算した結果だそうです（図 9-10）。

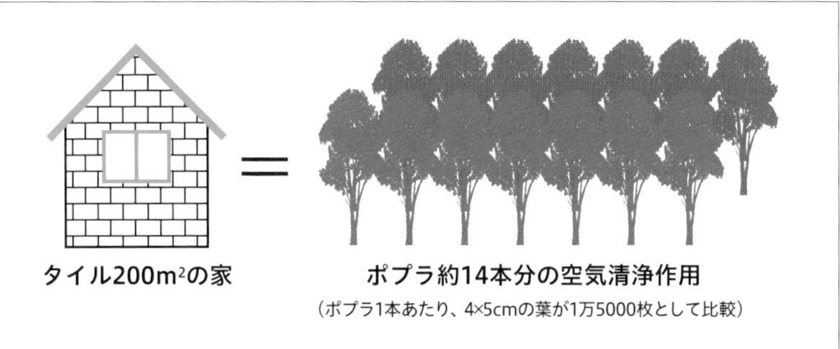


**図 9-10　光触媒で NOx を除去する力をポプラの木で比較**

出典：藤嶋昭著『第一人者が明かす光触媒のすべて』（ダイヤモンド社、2017 年）

そのため、環境意識の高い企業が、積極的に工場や店舗の外壁に光触媒を導入しています。たとえば、トヨタ自動車の工場（愛知県豊田市）。ここはハイブリッド車・プリウスの生産現場ですが、建物外壁に緑色の光触媒塗料が使われています。光触媒の持つ空気をキレイにする力をポプラの木で換算すると、この工場全体で約 2000 本分に相当する空気浄化力を持つとのことです。ぜひ 2000 本のポプラの森を想像してみてください。目には見えませんが、光触媒の働きを少しだけ身近に感じていただけるのではないでしょうか。

## 6　窓ガラス

日本板硝子では学校用に特化した「光触媒セルフクリーニング強化ガラス」を製品化しています（図 9-11）。学校施設では安全が第一ですので、強化ガラスなど安全性の高いガラスが広く普及しています。これからは、環境教育や防災拠点としての重要性から、国では「学校ゼロエネルギー化」を目指し、省エネルギー化をさらに推し進める計画です。学校施設のゼロエネルギー化の実現に向けて重点的に取り組むべきことは、照明、冷暖房、換気に関わるエネルギー消費量の削減といわれており、ここに窓ガラスも関係してきます。従来の強化ガラスの性能に加えて、光触媒セルフクリーニング機能があることで省エネルギーに貢献できますので、耐震改修時などに合わせて導入が進むものと期待されます。

窓ガラスにどのような技術が使われているかを学ぶことによって、子どもたちの環境意識の向上にもつながるのではないでしょうか。国内だけでなく、欧米の大手ガラスメーカーでも光触媒セルフクリーニング強化ガラスが製品化されています。たとえば、サンゴバン社のセルフクリーニングガラス・バイオクリーンや、ピルキントン社のアクティブなどがよく知られており、その需要はますます広がっていくでしょう。

●マーク打刻

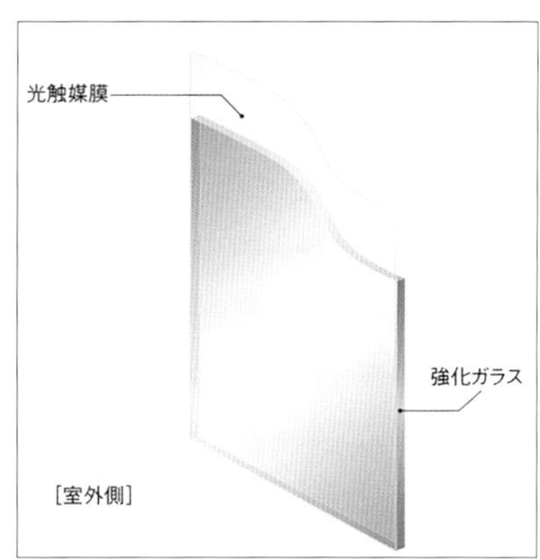


**図 9-11　学校用光触媒セルフクリーニング強化ガラス**

出典：日本板硝子株式会社 HP

## 7　家電製品：空気清浄機・エアコン

内装用建材の抗菌・抗ウイルス、脱臭、防汚作用は、光触媒をコーティングした材料の表面にやってきた細菌やウイルス、ホルムアルデヒドなどの有害物質を分解・除去する働きで、室内の空気浄化の観点からすると、いわばそのままの状態で効果のあるパッシブな働きです。これに対して、空気清浄機フィルタへの光触媒の活用は、よりアクティブに室内の空気をキレイにしようとするものです。

一般家電製品としての光触媒式空気清浄機がダイキン工業をはじめ大手各社から出されていますし、最近ではより強力な浄化力の求められる業務用空気浄化装置フィルタに光触媒が活用され、大学病院の解剖学教室、病理検査室、介護施設、食品加工工場、ペットショップ、オフィスの喫煙室等、様々な場所で、空気をキレイにするために貢献しています。

2020年10月15日には、現在、世界中で感染防止対策法の開発が急ピッチで進んでいる新型コロナウイルスに対しても光触媒が有効であることが報告されました。光触媒式空気清浄機を開発・販売しているカルテック（図9-12）が、理化学研究所の協力のもと、日本大学医学部と共同で、新型コロナウイルス（SARS-CoV-2）に対する光触媒の有効性実験を高度な施設（バイオセーフティレベル−3）において行い、感染力抑制効果を密閉空間内で確認しています。

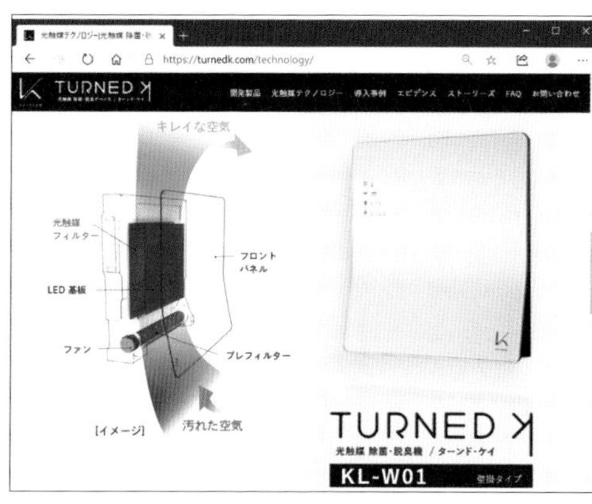


**図9-12　カルテックの空気清浄機**

出典：カルテック株式会社HP

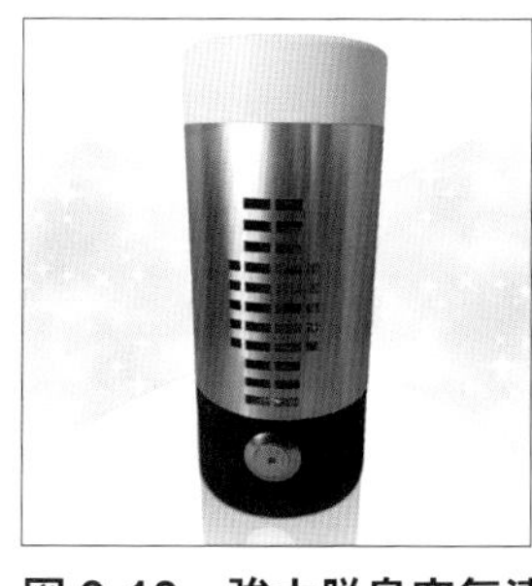

**図9-13　強力脱臭空気清浄機**

**左：PLEIADES　プレアデス（10畳用）**
**右：BLUEEZE ブルーゼ（40畳用）**

出典：株式会社NanoWave パンフレット

また、発光素子である「LED（発光ダイオード）チップ」に工夫をした光触媒式空気清浄機も開発されています。たくさんのチップを基板上に集積して、小型で非常に明るい光源をつくる技術が、近年、開発されました（Chip on board, 略してCOBとよばれている技術です）。この技術を光触媒と組み合わせた空気清浄機（図9-13）を、株式会社Nano Waveが開発しています。直径8.8 cm、高さ19.5 cmの10畳用の空気清浄機「プレアデス」の中には、156個のLEDチップ（波長:395 nm～415 nmの紫外線・可視光）が集積されていて、光出力は5,460 mWにまで高まり、従来のLED照明の約13倍の明るさになります。

光触媒式空気清浄機の構造は、①ホコリや粉塵を取り除くプレフィルタ、②有害物質や悪臭、細菌、ウイルスなどを分解除去する光触媒フィルタ、③光触媒反応を起こすための光源、④空気を循環させるための吸引ファンの4つで構成されています（図9-14）。

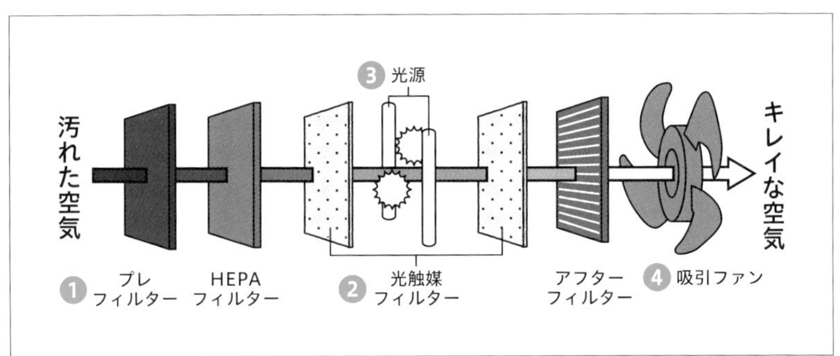


**図9-14　光触媒式空気清浄機の構成図**

出典：藤嶋昭著『第一人者が明かす光触媒のすべて』（ダイヤモンド社、2017年）

光触媒フィルタには、空気浄化性能を高めるために、表面積をなるべく大きくして、取り除きたい物質との接触効率を上げる工夫がなされています。フィルタの材質としては、ハニカム構造の紙フィルタやセラミック、ガラス繊維、多孔を持つアルミニウム基板などが用いられ、様々な方法によって光触媒がコーティングされます。また、光触媒単独ではその表面にやってきた物質に反応するだけで、積極的に物質を捕まえる効果はありませんので、フィルタには吸着剤を組み合わせて、取り除きたい物質を積極的に吸着し、光触媒による分解効率を上げる工夫もなされています。ここで行われている吸着剤とのハイブリッド化はひとつの代表的な例ですが、光触媒を活用した応用製品の開発においては、他の技術との組合せで求める機能を飛躍的に高め、製品化を実現していることが大きな特徴です。

光源としては、ブラックライトや水銀ランプ、殺菌灯に加え、LED（発光ダイオード）が使われることも多くなりました。LEDを使うことで、空気清浄機自体の薄型化、消費電力の低減化が可能になってきました。光触媒方式ではない従来の空気清浄機の場合、フィルタにトラップされた物質は分解されることはなく、徐々にフィルタの性能を低下させてしまいますし、細菌やウイルスなどはフィルタ上で増殖して、再び室内に放出されてしまう危険性もあります。それに対して、光触媒式空気清浄機では、光触媒反応による分解除去力によって、フィルタの性能が低下せず、常に室内の空気をキレイに保つことができます。

## 8 フィルタ

光触媒式空気清浄機の機能の中で、浮遊菌・ウイルス除去にフォーカスし、高機能化を求めて開発が行われています。浮遊菌・ウイルス除去の高機能化に必須の要素は、①光触媒フィルタに効率よく細菌やウイルスを接触させることと、②フィルタ全体に隈なく光が当たる構造にすることです。

このようなフィルタの代表例として、3次元網目構造を持つセラミックフォームや光触媒チタンメッシュフィルタが開発されています。これは3次元にランダムな網目構造を持っていて表面積が大きいため、細菌やウイルスとの接触効率がよく、穴がたくさんあいた構造なので空気をよく通します。その他にも、表面に光触媒では分解できない無機化合物がついてしまっても、フィルタを洗うことで機能を回復させることができることや、高温での光触媒加工が可能で安定した性能を発揮するなどの特色があります。

最近では、サンスターの系列企業であるサンスター技研が開発した軽量でフレキシブルな光触媒チタンメッシュフィルタ TMiP（Titanium Mesh impregnated Photocatalyst）（図 9-15）が注目されています。

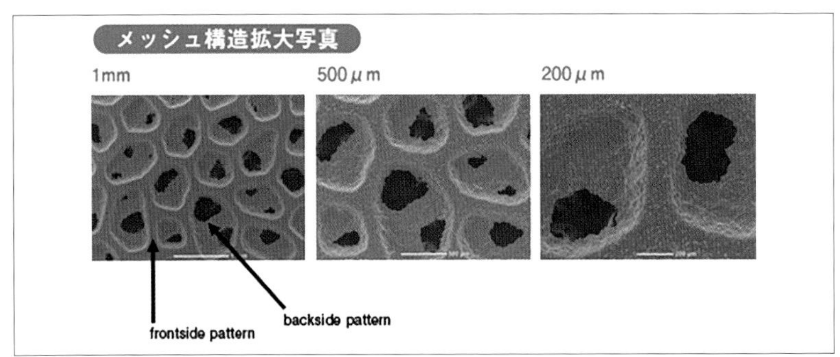


**図 9-15　TMiP（Titanium Mesh impregnated Photocatalyst）**

出典：サンスター技研株式会社 HP

このフィルタの作り方は、薄いチタン板を半導体加工で使うフォトレジスト加工技術を使って蜂の巣状に穴をあけ、しかも両面から穴の中の構造が空気の流れが乱流になるように加工されています。多孔チタン板を電解酸化させて表面を酸化チタンにし、さらにその上に酸化チタンナノ粒子を焼結固定しています。

この TMiP を用いた鉄道車両向け空気清浄機「TiO Clean（チオクリーン）®」は、2016 年に大阪環状線の鉄道車両の空気清浄機として採用されました。そして、車室内の空気質を良好に保つことが評価された結果、2020 年の秋以降、JR 西日本の特急列車にも順次導入されています。

さらに、サンスター技研では、TMiP 技術を発展させ、健康維持につながるストレスのない空気環境（「カラダがよろこぶ空気。」）を提供することを追求して QAIS -air シリーズ（図 9-16）を製品化しています。

また、APS ジャパン株式会社は、アルミニウムを基材とした光触媒フィルタ「アルミオンフィルター」（図 9-17）を開発しています。この会社は、アルミニウムの陽極酸化処理をベースとした密着性の高いコーティング

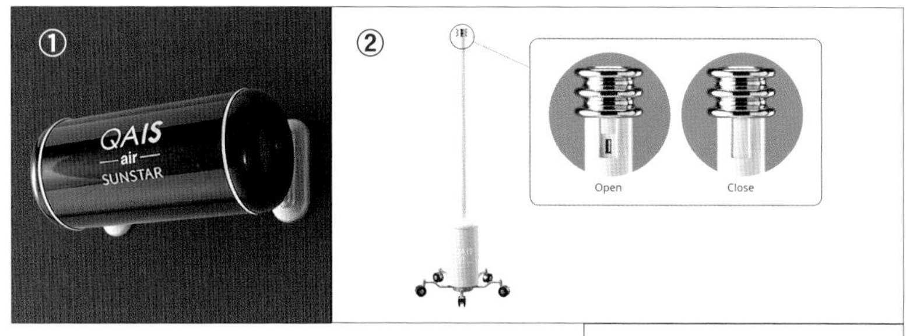


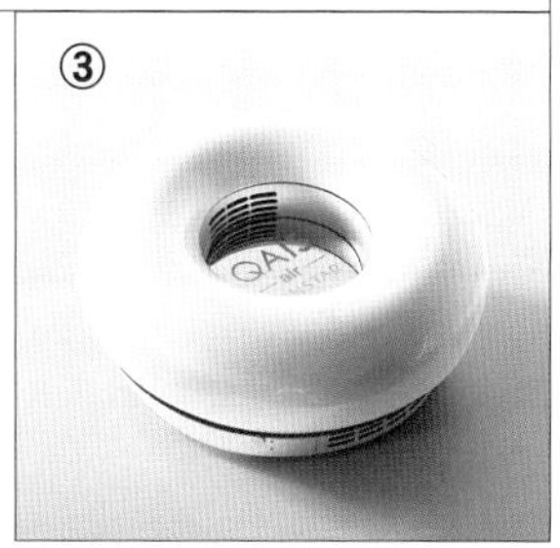


**図 9-16　空間除菌脱臭機**
（左上から）
**① QAIS -air- 01**
**② QAIS -air- 02**
**③ QAIS -air- 03**
出典：サンスター株式会社 HP

技術を有しており、それを光触媒フィルタの開発に応用しています。このアルミオンフィルターの有効性については、富山大学の白木公康名誉教授が論文を発表されています（https://aaqr.org/articles/aaqr-17-06-oa-0220）。それらのデータをふまえ、このアルミオンフィルターを用いた空気清浄機「arc」が開発されています。

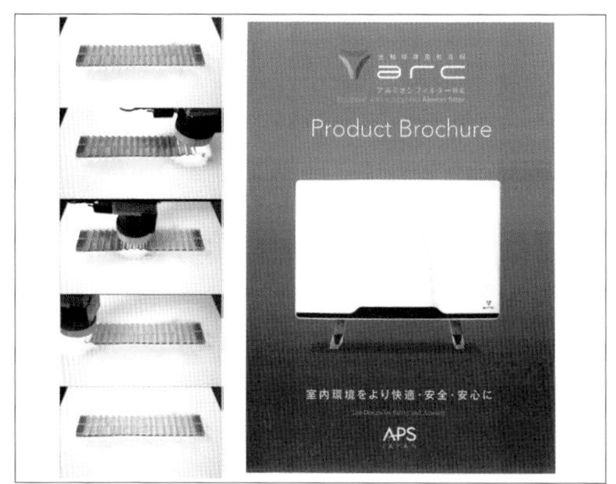


**図 9-17　左：アルミオンフィルターのメチレンブルー分解実験の様子**
（Shiraki, K.; et al., Aerosol and Air Quality Research 2017, 17, 2901-2912）
**右：空気清浄機「arc」のパンフレット**

## 9 冷蔵庫

青果物、鮮魚、花卉など、様々な生鮮商品が国内線、あるいは国際線の空路で輸送されています。生鮮商品の輸送において最も重要なことは、いかに鮮度を保てるかです。野菜や果物の中には、そのもの自身が呼吸時に放出するエチレンガスによって、鮮度が著しく低下するものがあることが知られています。

その他の商品も、空気中に存在するカビや細菌類が増えると、腐敗が進み、臭気を発する原因ともなります。こうした問題を低減し、なるべく生鮮品の鮮度を保って空輸するために、光触媒つきの航空コンテナ（エアカーゴ）が開発されています。

JALCARGOでは、2004年から光触媒コンテナを利用していました。これによって、たとえば早朝に佐賀県で採れた高熟度のイチゴを、福岡—羽田便のエアカーゴを利用して、その日の夕方には東京都内のスーパーの店頭に並べることができるようになりました。これは、光触媒技術が航空輸送に導入された世界初の取り組みで、輸送方法をPRするために新たなロゴマークも作られました。さらに、経済成長の著しいアジア各国に向けて、日本の高級果物としてイチゴ、メロン、サクランボ、モモ、リンゴなどを輸出することへとつながっています。

また、一般家電用冷蔵庫への応用例として、日立アプライアンスと東芝ライフスタイルなどの例があります。日立アプライアンスでは、LED光源と光触媒を設け、庫内のニオイ成分と野菜から出るエチレンガスを光触媒で分解しています。さらに、この分解で生じた炭酸ガスにより野菜の周囲の炭酸ガス濃度が上がることで野菜の呼吸活動を抑制し、野菜の栄養素が守れる機能を付けています。

東芝ライフスタイルでは、$Ag^+$フィルタとセラミック光触媒フィルタを用いて、従来よりも高効率な構造を採用した新・除菌脱臭システムで空気の汚れや悪臭、細菌を除去する力を大幅にアップさせました。

## 10 医療・農業関係：病院

抗菌タイルは、いち早く実用化された光触媒製品ですが、病院向けに特化した大型セラミックパネルが開発され、図9-18のように手術室の壁などへの適用事例が拡大しています。

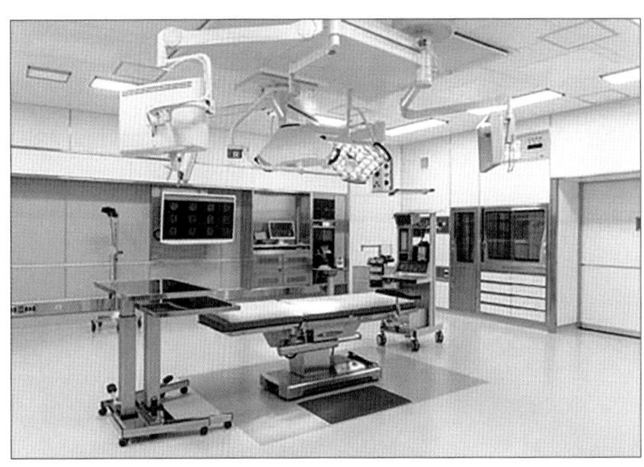

**図 9-18　壁に光触媒タイルを使用している手術室**

出典：美和医療電機株式会社 HP

このような光触媒大型タイルの手術室の壁への適用例は、年間数百室になっています。抗菌・抗ウイルス効果の持続とともに、傷や汚れに強く、各種消毒薬を使用しても褪色劣化しにくい。パネルの大型化によって壁面の継ぎ目を減らすことで、菌の付着を減らし、病院関係者から好評を得ています。

また将来的には、手術室だけでなく、清潔性を求められる集中治療室や中央材料室など、感染防止が求められる病院のあらゆるエリアに使われていくでしょう。

## 11 老人ホーム

老人ホームでは、特有のにおいが深刻な悩みのひとつとなっていると、介護されている方々からよく伺います。この悩みの解決に光触媒を応用して取り組んでいる企業があります。北九州市にあるフジコーです。フジコーでは、「利用者・入居者、ケアスタッフをともに笑顔にする」消臭を実現するため、小規模多機能ケア、デイサービス、住宅型老人ホーム、グループホームを併設した複合型介護施設である「都の杜（みやこのもり）」（北九州市小倉北区）に消臭・除菌設備を全面導入しました。建築時に、フジコー独自の溶射技術（図 9-19）を応用した光触媒製品・マスクシールド（消臭・除菌タイル）（図 9-20）を 2 階建ての施設内に全面的に張りめぐらせました。その消臭効果は、2012 年 4 月施設オープン以来、現在も、継続しています。



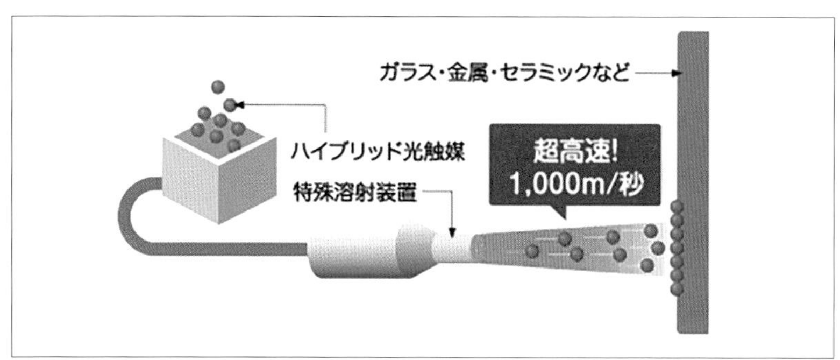


**図 9-19　フジコー独自の溶射技術**

出典：フジコー株式会社 HP

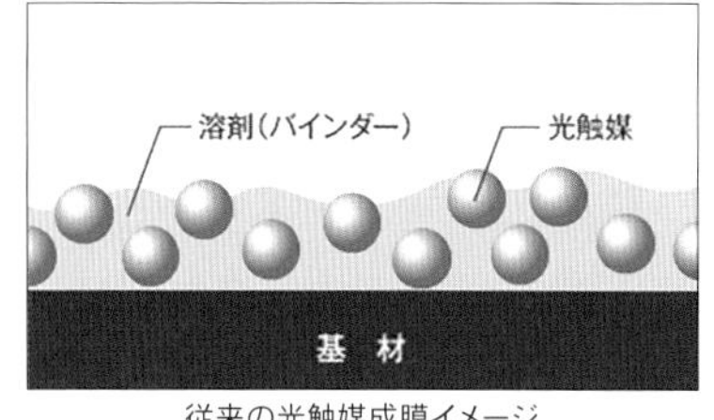


従来の光触媒成膜イメージ

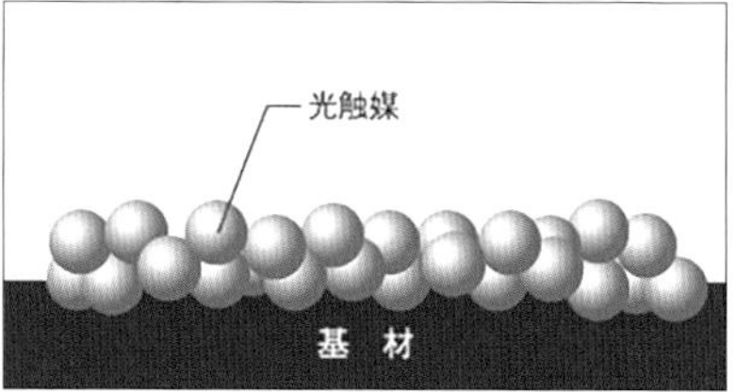


フジコーの独自溶射技術を用いた光触媒成膜イメージ

**図 9-20　マスクシールド（消臭・除菌タイル）**

出典：フジコー株式会社 HP

初めて「都の杜」を訪れた看護師さんは、" においがない " とビックリされ、共用空間、居室、数十人が同じ部屋で過ごすデイサービスでも、特有の「におい」がすることはないそうです。利用者・入居者とそのご家族が快適で健康的に過ごせるとともに、働きやすく、ストレスのない職場の提供に、フジコーの光触媒製品は、大いに役立っているようです。

## 12 水浄化系

川などの水ではなく、ある限られた量の水処理としては、光触媒方式が一部使われています。たとえば、地上における水の浄化を目的として、光触媒繊維を組み込んだ装置が開発され、温浴施設のレジオネラ菌対策などに成果を挙げています。フィルタとして働く光触媒繊維はフェルト状になっており、水中の細菌や汚染物質を３次元的に効率よく接触させ、分解する仕組みになっています。全国各地で地域住民へのサービスと地域観光の目玉を兼ねて温泉・温浴施設が作られていますが、レジオネラ菌の集団感染が相次ぐなどの被害が出ており、共同浴場の温水、温泉水をキレイに保つことが課題となっています。特に、アルカリ性の高い温泉では、通常の塩素殺菌だけでは効果が得にくいことが問題となりますが、光触媒方式の浄水装置では高い効果を発揮することがわかっています。さらに、一番の特長は、光触媒方式の場合、菌の死骸まで分解することができるため、汚れた水をキレイな水に再生することができる点です（図 9-21）。

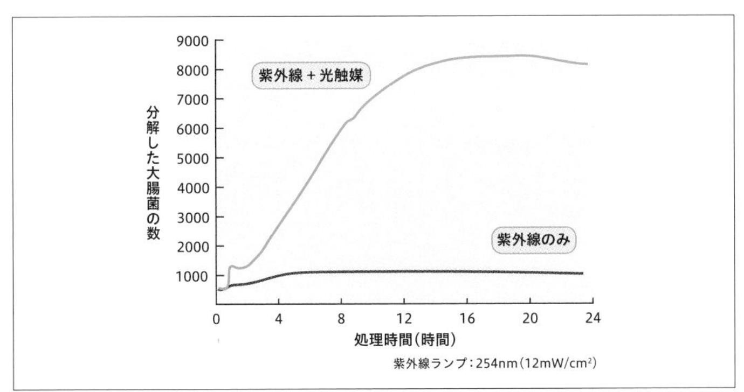


**図 9-21　光触媒繊維による大腸菌の分解（紫外線のみとの比較）**

出典：藤嶋昭著『第一人者が明かす光触媒のすべて』（ダイヤモンド社、2017 年）

また、除菌に特化した浄水装置ではなく、難分解性で猛毒のダイオキシン、PCB、シアン化合物の分解など、一般産業用途でもすぐれた効果が得られています。たとえば、水中のダイオキシンについては、ほぼ100%分解できることが実証されています。

## 13 地下水の浄化

ドライクリーニングの溶媒として使われるテトラクロロエチレン（別名パークロロエチレン：PCE）などの揮発性有機塩素化合物を分解して処理する方法がいくつか提案されてきましたが、有害物質を発生させる問題などがあり、普及していません。

光触媒法では、PCEなどを分解し無害化できることから、有望な方法として開発が進められてきました。ADEKA総合設備株式会社によって開発されている土壌地下水浄化システムを見ながら紹介しましょう（図9-22）。

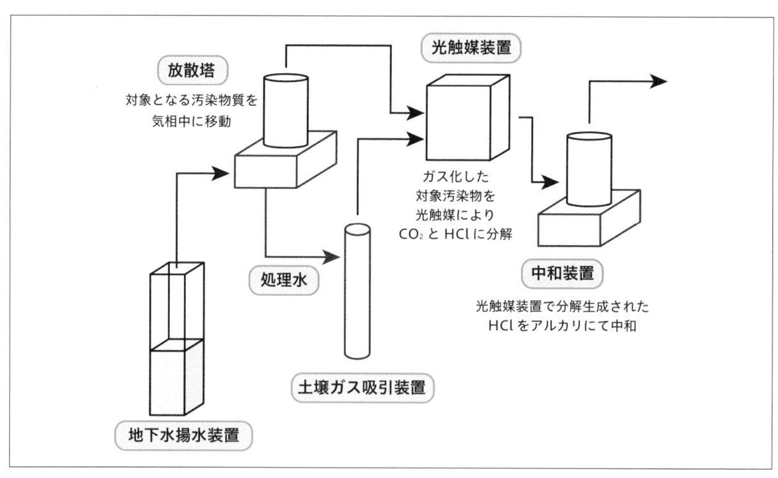


**図9-22 光触媒による土壌地下水浄化システム**

出典：藤嶋昭著『第一人者が明かす光触媒のすべて』（ダイヤモンド社、2017年）

土壌地下水から回収した揮発性有機塩素化合物は、ガス化して光触媒装置に通すことによって、二酸化炭素、水、塩化水素まで分解されます。光触媒装置には、光源とセラミック上に酸化チタンを固定した反応器が効率よく多数配置されています。光触媒反応の分解生成物はその後、中和装置でアルカリにて中和して無害化し、大気に放出されます。すでに、70 基以上が土壌地下水浄化のために活躍しており、最近では処理能力を高めるため、装置の大型化も図られています。

この土壌地下水浄化のとき、汚染物質を蒸発気化させ気体として光触媒フィルタで処理しています。つまり、空気中の気体物質の光触媒処理ですので、空気清浄機の作用機能と同じことです。

一方、水中の汚染物質を水中で処理することを考えると、これは非常に難しいテーマとなります。なぜなら、水中の微量の汚染物質を光触媒フィルタに誘導し、しかもフィルタには光が十分に照射されていなければならないからです。さらに、水の抵抗が非常に大きいことが、水中の微量汚染物質の光触媒処理が難しい理由です。もちろん、酸化チタン微粒子を懸濁（液体の中に個体の微粒子が分散）した状態で光照射する方法もありますが、今度は水中の酸化チタン微粒子の分離が大きな問題となります。2017 年 9 月に開催されたイタリアでの国際会議に出席した際、インドの若手研究者と話していたところ、彼は鉄粒子の上に酸化チタンをコーティングして光触媒系（光触媒による反応系のこと）を作り、光触媒作用の後は磁石で酸化チタン微粒子を集める方法を使っているといいます。これはかなり面白いアイデアです。

## 14 道路資材：トンネル照明

上信越自動車道は、1998 年の長野オリンピックの開催に合わせて建設されましたが、そのときに初めて光触媒つきトンネル照明器具が使われました。普段、高速道路のトンネルを通り抜けても、照明器具を気にする人は少ないと思いますが、トンネル付近で車線規制が行われていて、渋滞に遭遇してしまい困ったという経験なら、誰しもすぐに思い浮かぶのではないでしょうか。クルマの排気ガス中には NOx だけでなく、オイルやカーボンなども含まれていますので、トンネル内の照明器具はススで黒く汚れやすく、明るさが低減してしまうことが問題でした。暗いトンネルでは事故の危険性が高くなりますから、定期的に清掃して、このスス汚れを落としています。つまり、安全のためにトンネル内の照明器具を定期的に清掃する必要がありますが、そのためには車線規制などを行わねばならず、渋滞の引き金となったり、清掃員の作業は常に危険と隣り合わせだったりという問題を引き起こしていました。

こうした状況を緩和するための施策のひとつとして、トンネル内の照明器具のカバーガラスを光触媒のセルフクリーニング機能つきのものにすることが、日本道路公団を中心に提案され、実証実験を経て、長野オリンピックのときに実現したわけです。1996年には、著者の一人である藤嶋らの研究グループはこの成果に対して、一般社団法人照明学会から「日本照明賞」をいただきました。応用研究を始めた当初は、「汚れを酸化分解して低減するだけの技術」とか、「世の中にあってもなくてもいい技術なのでは」という声も聞こえてきましたが、それが高速道路の渋滞回避や作業員の安全性の向上に少しでも役立つことがわかってきたことは、研究グループのモチベーションをさらに高めることにもつながりました。

自ら光を発している光源である照明器具と、反応には必ず光が必要である光触媒との相性のよさが、高速道路のトンネル内というハードな状況下で証明されたことで、その後照明器具の汚れ防止効果は、道路灯や街路灯などの道路周辺の屋外照明器具に応用されていきました。

## 15 遮音壁

道路周辺の各種資材においては、太陽光や降雨という自然エネルギーを活用して、光触媒反応効果を利用することが可能です。一例を挙げれば、高速道路に設置されたポリカーボネート製の透明防音壁があります。透明であれば、クルマに乗っている人にとっても、周辺住民にとっても視界が確保されて、圧迫感の低減にもつながります。しかし、透明なはずが排気ガス等で汚れてしまい、かえって景観を損ねているところも少なくないと聞いています。

こうしたところを光触媒コーティングすることで、セルフクリーニング効果が得られ、視界の確保に役立っています。同じように、汚れにくい道路標識、視線誘導標や道路反射鏡、さらにはロードサイドの看板などへの応用も進んでいます（図 9-23）。

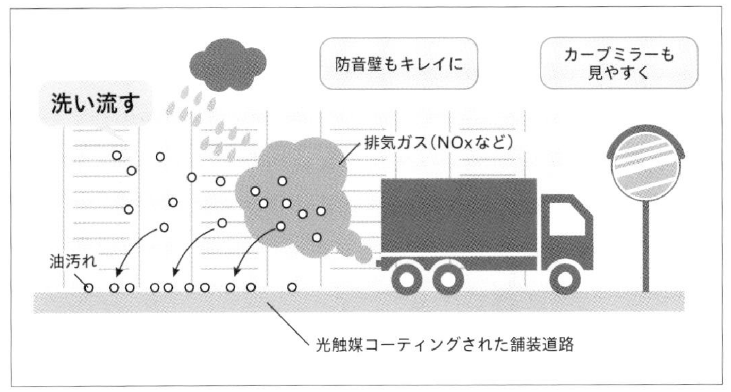


**図 9-23　路面上やロードサイドへの様々な応用**

出典：藤嶋昭著『第一人者が明かす光触媒のすべて』（ダイヤモンド社、2017 年）

具体的な製品としては積水樹脂から防曇・防滴カーブミラー、ハイドロクリーンミラー、防曇・防滴・防汚 透光型遮音壁、光触媒超親水性透明板（ハイドロクリーン透明板）等が販売されています（図 9-24）。

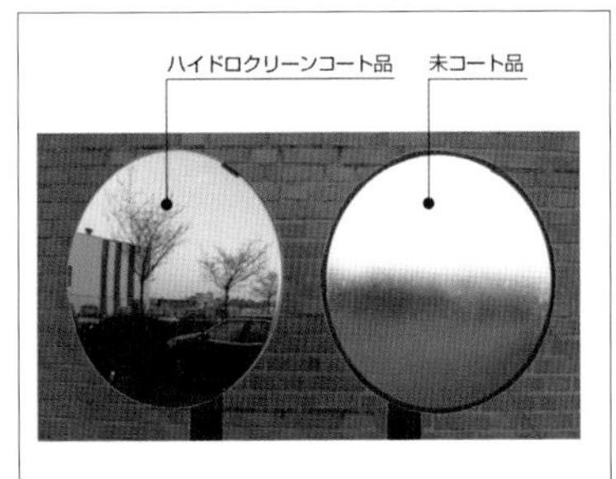

**図 9-24　（左）ハイドロクリーンミラー・（右）ハイドロクリーン透明板**

出典：積水樹脂株式会社 HP

## 16 道路

近年、舗装技術が高機能化されていることをご存じでしょうか。雨の日に高速道路などを走っていると、水しぶきが上がって前が見えにくいところがある一方で、ある区間では表面に雨水が溜まっておらず、水しぶきも上がらないため、視界が良好なところがあることにお気づきの方も多いでしょう。これが高機能舗装と呼ばれているもので、舗装の表層部分に従来よりもすきまを多くして、排水性を高めてあります。降った雨は、路面に溜まらずに、そのすきまに浸み込むため、クルマが巻き上げる水しぶきが大幅に減り、視界が良好に保たれます。

高機能舗装のよさはそれだけにとどまりません。走行中のクルマから出る騒音は、クルマの多い場所ほど周辺地域の環境に悪影響を及ぼしてしまいますが、すきまの多い高機能舗装部分では、これらの騒音を吸収して低減することができ、環境対策としての効果もあるのです。

このようにすぐれた技術である高機能舗装をさらにバージョンアップさせることに成功したのが、光触媒を用いて路面上の空気をキレイにする「フォトロード工法」です。排水性の高い、すきまの多い高機能舗装の表面を特殊なセメント系固定化材を用いて光触媒コーティングすることで、クルマの排気ガス中に含まれる窒素酸化物（NOx）等の汚染物質を分解・除去することができます。クルマから出た排気ガスが大気中に広く拡散する前に、すぐ近くの路面上で除去してしまおうという発想がすばらしいものでした。かなり前のことになってしまいましたが、開発してきたフジタ道路 が日経 BP 技術賞（2004 年）や第 1 回エコプロダクツ大賞（2004 年）を受賞しています。

NOx は大気汚染物質として問題になっている物質で、一酸化窒素（NO）と二酸化窒素（$NO_2$）が含まれています。大気汚染の常時監視では、両者の合計をモニターしています。クルマから排出された NOx は、路面にコーティングされた光触媒と太陽光の働きによって酸化され、光触媒固定剤の主成分であるカルシウムと化合して、中性の硝酸カルシウムとして、いったん道路表面に固定されます。ここに雨が降ると、この硝酸カルシウムは、無害な硝酸イオンとカルシウムイオンとして洗い流されて、道路表面は元の状態に戻ります。

「フォトロード工法」の最大の特長は、いったん施工が完了した後には、空気をキレイにするためのエネルギー源は、外装用光触媒タイルと同様に太陽光と降雨という自然の力だけであり、電力などの動力や特別な維持管理を必要としない点です。さらに、ありがたい点として、道路表面に光触媒コーティングをすることで、道路の耐摩耗性が向上することが挙げられます。

「フォトロード工法」は国内の企業が連携して共同開発した日本オリジナルの技術で、これまでに環状7号線、明治通り（東京都)、国道14号・16号、県道市川浦安線（千葉県)、さいたま新都心内、氷川神社参道（埼玉県)、尼崎市元浜緑地内（兵庫県）など多数の実績があります。

さらに、海外では、パリ（フランス)、ベルガモ（イタリア)、アントワープ（ベルギー）などの都市で実証実験が行われ、良好な成績が得られているそうです。中国や韓国での例は、あとの章で説明します。

## 17 車関係：サイドミラー

道路や道路周辺で様々に応用されている光触媒ですが、クルマ本体への応用も進んでいます。ひとつは、ドアミラーへの応用です。雨の日など、ドアミラーが曇って見えにくいことは、安全性の点からも、快適なドライビングの点からもなんとか解決してほしい課題でした。光触媒の超親水性効果によって水滴ができず濡れ広がるため、ミラーが曇らず良好な視界を確保できます。

さらに、暗いところでも比較的親水性にすぐれている「シリカ」を添加することで、光が当たらないときがあっても、防曇効果をキープできるように設計されています。現在では、トヨタ自動車の高級車などに標準装備されるようになり、他のメーカーの普通車にも普及し始めています。建築分野で広く応用されているセルフクリーニング効果ですが、クルマのボディコーティングの分野でも、汚れのつきにくいコーティング法として使用され始めています。しかし、自家用車への応用は解決しなければならない課題が多いため、車体への光触媒コーティングは、バスやトラックから始めるといいでしょう。



## 18 鉄道

光触媒式空気清浄機の心臓部とも言える光触媒フィルタには、各種素材が実用化されていますが、中でも業務用のフィルタとしては、セラミック製の素材が普及しています。セラミック製光触媒フィルタでは、性能が劣化しても洗浄すれば再び使用可能となるような工夫がなされており、長期間の使用を考えると、ランニングコストも抑えることができます。そのため、これまで実に多様な場所に導入されてきました。ニオイの濃度が比較的低い場所としては、病院や福祉施設、ホテル、レストラン、オフィス、倉庫などに設置されています。

また、研究所の動物実験施設や食品加工場、ゴミ処理場、動物舎、家畜糞尿処理施設のように、ニオイが高濃度で強い場所にも導入が進んでいます。このように多様な場所で使われているのは、処理すべき対象となる悪臭成分の濃度や発生状況に合わせて、適切なフィルタ設計などを行っているためです。

盛和工業（現：盛和環境エンジニアリング株式会社）と共同開発した光触媒式空気清浄機が様々な場所で活躍するようになる中で、アンデス電気の協力もあり、東海道・山陽新幹線へも導入されました（図9-25）。

**図 9-25　(左)新幹線喫煙室（右)新幹線喫煙室の空気清浄機のフィルタ部**

出典：藤嶋昭著『第一人者が明かす光触媒のすべて』（ダイヤモンド社、2017 年）

東海道・山陽新幹線の車両が全面禁煙となり、デッキ部分に喫煙ブースが設けられることになりましたが、喫煙ブースからタバコの煙やニオイが車両側へ漏れては、全面禁煙にした意味がなくなってしまいます。そのため、喫煙場所のタバコの煙やニオイをできるだけ除去することが最重要課題として求められました。時代背景としても、受動喫煙による人体への影響が健康問題として取り上げられ、分煙意識が高まってきたことなどが挙げられるでしょう。また、単に早く目的地につくことだけでなく、健康的で快適な時間をすごせる移動空間が求められるようになったことも、高性能の空気清浄機の導入が検討された大きな要因です。従来のタバコの分煙対策としては、電気集塵機などが主流で、目で見ることのできる煙は除去できても、煙中に含まれるアンモニアやアルデヒド類を取り除くことはできませんでした。

これに対し、光触媒方式の場合、これらのガス成分までも分解除去できることから、新幹線の喫煙室で使われるようになりました。新幹線に乗っても、普通はまったくその存在に気づくことはありませんが、喫煙室の天井裏に隠されている環境浄化装置のフィルタの表面で光触媒反応が起こり、空気をキレイに保つために働いています。

## 19 衣類：マスク

富士通ではチタンアパタイトという高性能光触媒材料を開発し、製品化されました。この材料は、人間の骨や歯に含まれるカルシウムヒドロキシアパタイトにチタンイオンを導入して作ります。

**図 9-26　花粉症対策マスク**

出典：「花粉症に朗報! 花粉を 99.9%ブロックする技術とは」 FUJITSU JOURNAL HP

カルシウムヒドロキシアパタイトがもともと持っている吸着しやすい性質に、光触媒により細菌やウイルス、有機物を分解する性質がプラスされて、吸着・酸化分解力にすぐれた光触媒材料ができました。

吸着力にすぐれていることから、図9-26のように花粉症対策マスクとして市販されています。

## 20 エプロン

**図 9-27　光触媒加工エプロン（キレイなエプロン）** 出典：株式会社アルトコーポレーションHP電子カタログ

衣類、カーテン、カーペット、じゅうたんなどの繊維製品・有機物素材に加工するために、常温硬化するバインダーを含む一液型の光触媒加工液「ガイアクリーン（GCT シリーズ）」をガイアが開発しました。

エプロン（図9-27）や汗をかき易い作業服やスポーツウェア、スーツなどに加工され販売されています。

## 21 布製品

**図 9-28　光触媒スプレー MX-AZ03JK**

出典:シャープ株式会社HP

これまで衣類への光触媒の応用が数多く行われてきています。一例としては、アツギがストッキングやタイツへの応用を行い、製品化しています。

また、スプレータイプの製品を販売している企業も増えてきています。光触媒スプレーの一例として、シャープは、太陽光はもちろん屋内照明の光にも反応し、高い消臭・抗菌・抗ウイルス効果を発揮する独自の可視光応答型光触媒を採用した「光触媒スプレー」（図 9-28）を、2020 年 7 月 17 日に発売しました。

このスプレーは、シャープが複合機の開発で培った光半導体技術や粉体加工技術などを応用した、独自の可視光応答型光触媒を採用しています。酸化チタンより長い波長範囲の光に反応するので、屋内照明の光でも優れた分解能力を発揮します。壁紙や床、家具のほか、衣類などにもスプレーして利用できます。

## 22 タオル

マイクロファイバー繊維の構造に「光触媒」を担持し、天日干しにより強力な抗菌・消臭効果を発揮させるタオル「サラッとドライ®」（図 9-29）をアスカが販売しています。このタオルの「光触媒」の抗菌・消臭効果と持続性は、（財）日本紡績検査協会により 50 回洗濯しても効果が変わらず、長期間安定して持続するとの検査結果が出ているそうです。

綿タオルに「光触媒」を加工した商品はありますが、「サラッとドライ」と比べると、効果や持続性が弱いようです。

**図 9-29　光触媒加工タオル「サラッとドライ®」**

出典：株式会社アスカ HP

## 23 住宅内装:ブラインド・カーテン

内装用の壁面、窓面に関連したところで、光触媒製品が広がっています。たとえば、表面に光触媒加工を施してウイルス感染リスクを低減させる抗ウイルスカーテンが発売されています。光がカーテン表面に当たると、空気中の酸素や水分が光触媒上で化学反応を起こし、このとき発生するラジカルがウイルスを攻撃して破壊します。この際、光触媒材料自体は変化しないので、効果は長期間持続します。また、洗濯しても酸化チタンが脱離しないような工夫がされています。

壁紙としては、光触媒加工を施した土佐和紙壁紙「トサライト」があります。もともと和紙の壁紙は、ビニールクロスにはない調湿性や調光性、吸音性など機能面ですぐれた特性がありますが、その和紙に光触媒加工を施すことで、空気中の細菌や有害物質の分解・除去、タバコ臭やペット臭などを除去する機能が加わり、高付加価値の壁紙となっています。日本の和紙作りの伝統技術と、光触媒の科学技術が融合したユニークな製品ですので、これからは一般住宅のみならず、国内外のホテル、宿泊施設などへの導入も増えていくのではないでしょうか。

窓辺に関連した光触媒製品としては、ブラインドも早い段階から製品開発が進められてきました。ブラインドの羽根の表面を光触媒コーティングしておくことで、油汚れなどの有機系の汚れを分解・除去することができます。また、抗菌、消臭効果、カビの発生を抑制する効果も併せ持ちます。ニチベイ、タチカワブラインド、ＴＯＳＯなどが製品化しています。(図 9-30)。

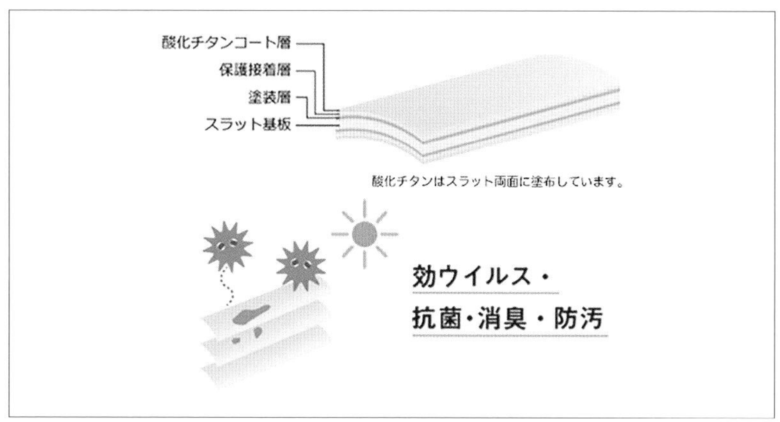


**図 9-30　ニチベイ［抗ウイルス・抗菌］酸化チタンコート遮熱スラットの構造**

出典:株式会社ニチベイHP

## 24 照明

光触媒効果が発見されてから今日まで光が近傍にあることから照明関連製品への応用開発や用途検討が行われてきました。東芝ライテックでは、蛍光灯への応用が研究され、新しい光触媒つき蛍光灯が開発されました。主に照明器具の汚れ分解を目的として、蛍光管の表面に光触媒薄膜をコーティングした直管形のものが商品化されました。活用例としては、シックハウス症候群の原因の１つとされているホルムアルデヒドの分解を期待し、学習スタンド等にも利用されました。

**図 9-31　脱臭 LED 電球**

出典:カルテック株式会社HP

一方、最近では、家庭、オフィス、

工場等の様々な場所で、蛍光灯からLED照明器具への切り替えが進んでいます。そのため、LED照明への光触媒薄膜コーティングの応用開発や用途検討が進められています。一例として、カルテックから脱臭LED電球（図9-31）が製品化されています。LED照明と光触媒を利用した脱臭装置を組み合わせた製品です。

また、LED製造技術の進歩に伴い、波長の短い深紫外線（IBMのDr.Linが使いはじめた言葉で、200～300 nmの波長域をさす）を放射できるLEDが活用されるようになってきました。この深紫外線は、光触媒を励起させることができるのはもちろんのこと、生物のDNAを変性させる効果もあります。したがって、抗菌・抗ウイルス効果が高い製品として応用することができます。一例として、大陽工業（https://www.taiyo-technologies.jp/）の製品を図9-32に示します（大型施設用テントの太陽工業ではなく大陽工業です）。この製品は、波長275 nmの深紫外線LEDと波長365 nmの紫外線LEDを併用し、さらに効果を高めています。

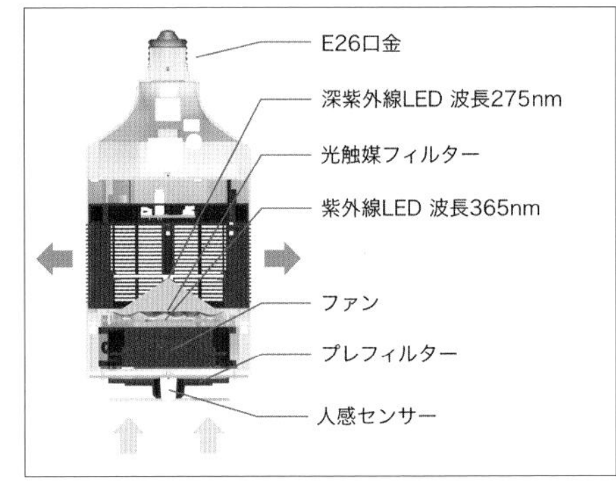


**図9-32　LED脱臭照明**

出典：大陽工業株式会社HP

## 25 光触媒蚊取り器

光触媒を利用し、殺虫成分を使用しない、“光触媒蚊取り器”をアース製薬、サンスター技研と共同開発しました。光触媒で発生させた二酸化炭素で蚊をおびき寄せ、ファンを回して集まった蚊を捕獲するシンプルな仕組みです（図 9-33）。

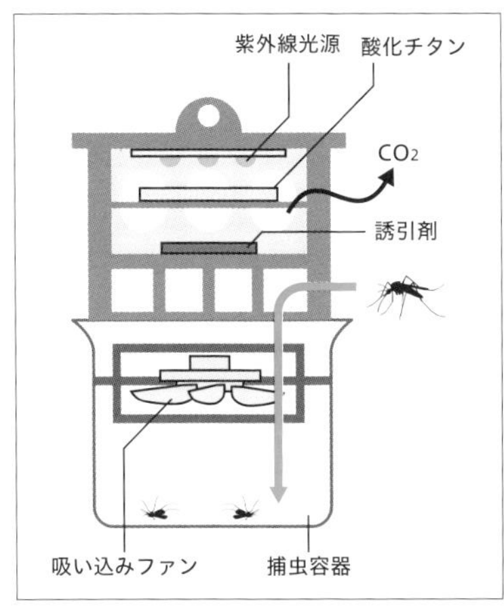


**図 9-33　光触媒蚊取り器の概念図**

出典：藤嶋昭著『第一人者が明かす光触媒のすべて』（ダイヤモンド社、2017 年）

今後は国内での活用の他に、蚊の媒介するマラリアなどの感染症に苦しんでいるアフリカや東南アジアの国々に設置できればと考えています。

近年、日本でもデング熱に感染した蚊が問題になりました。デング熱やマラリアなどの感染症を媒介するのは、吸血する蚊（雌）です。この吸血する蚊をおびき寄せるおもな誘引源として、①炭酸ガス、②ニオイ（乳酸などの誘引物質）、③温かさ、④色などが知られています。

酸化チタンと紫外線を用いた蚊取り器としては、酸化チタンに付着した汚れ等を光触媒効果（酸化分解力）により炭酸ガスに分解し、紫外線との相乗効果で蚊を集めて吸い取る吸引方式の蚊取り器も市販されています。しかしながら、発生する炭酸ガスの量が少ないため、思うような効果が得られないという問題がありました。また、炭酸ガスボンベを用いた蚊取り器も市販されていますが、ボンベの交換に手間がかかる、ボンベが重くて移動が困難という問題もありました。そこで著者の一人である藤嶋らの研究グループでは、有機ガスの高い分解効率を有する酸化チタン光触媒シートを応用し、上記の 4 つの誘引源を効果的に活用した蚊取り器

**図 9-34**
**アース　蚊がホイホイ**
**MosquitoSweeper**

を共同開発しました（図9-34）。新たに開発した酸化チタン光触媒シートを蚊取り器に適用することで、有機ガスの分解効率、すなわち炭酸ガスの発生効率を上げて、類似品に比べ蚊の捕集効率の向上に成功しました。

# 光触媒工業会登録製品一覧

第 14 章に詳しい紹介がありますが、光触媒を取り扱う事業者が結集し、2006 年 4 月 1 日に光触媒工業会が設立されました。光触媒工業会は、光触媒製品の健全な普及のため、製品規格の策定や認証マークの運用等を行い、消費者への光触媒製品の理解の促進、国際規格の制定、広報活動等を実施しています。

光触媒工業会の WEB サイトでは、会員企業製品、PIAJ 認証製品、登録部材、光触媒情報等の光触媒に関する様々な最新情報が提供されています。その一つとして光触媒工業会登録製品一覧が紹介されていますので、以下にご紹介いたします。詳細は以下の WEB サイトをご参照ください。

**光触媒工業会登録製品一覧**
https://www.piaj.gr.jp/piaj_product_info/productCategoryList.html

## 光触媒工業会登録製品一覧

製品別に紹介していますので、一部会社名が重複しています。

| 製品別：酸化チタン | | 2020 年 12 月 26 日現在 12 社 |
|---|---|---|
| 石原産業株式会社 | https://www.piaj.gr.jp/piaj_product_info/105.html | |
| 株式会社 A.G.T | https://www.piaj.gr.jp/piaj_product_info/116.html | |
| 株式会社クレド・ジャパン | https://www.piaj.gr.jp/piaj_product_info/111.html | |
| 株式会社グローバルケミカル | https://www.piaj.gr.jp/piaj_product_info/109.html | |
| 株式会社高純度化学研究所 | https://www.piaj.gr.jp/piaj_product_info/141.html | |
| 光陽エンジニアリング株式会社 | https://www.piaj.gr.jp/piaj_product_info/9.html | |
| 五大化成株式会社 | https://www.piaj.gr.jp/piaj_product_info/43.html | |
| 信越アステック株式会社 | https://www.piaj.gr.jp/piaj_product_info/94.html | |
| 多木化学株式会社 | https://www.piaj.gr.jp/piaj_product_info/129.html | |
| テイカ株式会社 | https://www.piaj.gr.jp/piaj_product_info/128.html | |
| 株式会社 ナノウェイヴ | https://www.piaj.gr.jp/piaj_product_info/23.html | |
| ポリマーホールディングス株式会社 | https://www.piaj.gr.jp/piaj_product_info/163.html | |

| 製品別：光触媒コーティング剤 | 2020 年 12 月 26 日現在 50 社 |
|---|---|
| 旭化成株式会社 | https://www.piaj.gr.jp/piaj_product_info/1.html |
| アスカテック株式会社 | https://www.piaj.gr.jp/piaj_product_info/134.html |
| 株式会社アリエル | https://www.piaj.gr.jp/piaj_product_info/145.html |
| 石原産業株式会社 | https://www.piaj.gr.jp/piaj_product_info/105.html |
| 株式会社 A.G.T | https://www.piaj.gr.jp/piaj_product_info/116.html |
| エイチ・エム エンジニアーズ株式会社 | https://www.piaj.gr.jp/piaj_product_info/4.html |
| 株式会社エコート | https://www.piaj.gr.jp/piaj_product_info/85.html |
| 株式会社エスグロー | https://www.piaj.gr.jp/piaj_product_info/136.html |
| 株式会社エムエージャパン | https://www.piaj.gr.jp/piaj_product_info/140.html |
| オキツモ株式会社 | https://www.piaj.gr.jp/piaj_product_info/106.html |
| 株式会社オペス | https://www.piaj.gr.jp/piaj_product_info/7.html |
| 株式会社エコテック | https://www.piaj.gr.jp/piaj_product_info/147.html |

## 光触媒工業会登録製品一覧

|  |  |
|---|---|
| 株式会社 NP コーポレーション | https://www.piaj.gr.jp/piaj_product_info/115.html |
| 株式会社カタライズ | https://www.piaj.gr.jp/piaj_product_info/42.html |
| 株式会社キャンディル | https://www.piaj.gr.jp/piaj_product_info/154.html |
| 株式会社 COLOR | https://www.piaj.gr.jp/piaj_product_info/149.html |
| 株式会社ガイア | https://www.piaj.gr.jp/piaj_product_info/41.html |
| 株式会社クレド・ジャパン | https://www.piaj.gr.jp/piaj_product_info/111.html |
| 玄々化学工業株式会社 | https://www.piaj.gr.jp/piaj_product_info/123.html |
| 光陽エンジニアリング株式会社 | https://www.piaj.gr.jp/piaj_product_info/9.html |
| 五大化成株式会社 | https://www.piaj.gr.jp/piaj_product_info/43.html |
| 株式会社 木下抗菌サービス | https://www.piaj.gr.jp/piaj_product_info/146.html |
| Clean Express 株式会社 | https://www.piaj.gr.jp/piaj_product_info/157.html |
| 株式会社白石 | https://www.piaj.gr.jp/piaj_product_info/155.html |

| | | |
|---|---|---|
| 信越アステック株式会社 | https://www.piaj.gr.jp/piaj_product_info/94.html | |
| 信越化学工業株式会社 | https://www.piaj.gr.jp/piaj_product_info/132.html | |
| 株式会社 ThinkCorporation | https://www.piaj.gr.jp/piaj_product_info/164.html | |
| 株式会社ＪＰコーポレーション | https://www.piaj.gr.jp/piaj_product_info/86.html | |
| 株式会社ソウマ | https://www.piaj.gr.jp/piaj_product_info/15.html | |
| 株式会社タカハラコーポレーション | https://www.piaj.gr.jp/piaj_product_info/90.html | |
| 大光電機株式会社 | https://www.piaj.gr.jp/piaj_product_info/158.html | |
| 中央環境総設株式会社 | https://www.piaj.gr.jp/piaj_product_info/162.html | |
| ナガムネコーポレーション株式会社 | https://www.piaj.gr.jp/piaj_product_info/99.html | |
| 株式会社 ナノウェイヴ | https://www.piaj.gr.jp/piaj_product_info/23.html | |
| 日本ナノテック株式会社 | https://www.piaj.gr.jp/piaj_product_info/148.html | |
| 日本光触媒センター株式会社 | https://www.piaj.gr.jp/piaj_product_info/10.html | |

## 光触媒工業会登録製品一覧

| | | |
|---|---|---|
| ノアテック合同会社 | https://www.piaj.gr.jp/piaj_product_info/161.html | |
| 株式会社光触媒研究所 | https://www.piaj.gr.jp/piaj_product_info/27.html | |
| 光触媒サンブレス株式会社 | https://www.piaj.gr.jp/piaj_product_info/110.html | |
| 株式会社ピアレックス・テクノロジーズ | https://www.piaj.gr.jp/piaj_product_info/25.html | |
| 株式会社 PGS ホーム | https://www.piaj.gr.jp/piaj_product_info/26.html | |
| ポリマーホールディングス株式会社 | https://www.piaj.gr.jp/piaj_product_info/163.html | |
| 丸昌産業株式会社 | https://www.piaj.gr.jp/piaj_product_info/28.html | |
| 丸富有限会社 | https://www.piaj.gr.jp/piaj_product_info/97.html | |
| みはし株式会社 | https://www.piaj.gr.jp/piaj_product_info/138.html | |
| 株式会社リレース | https://www.piaj.gr.jp/piaj_product_info/144.html | |
| 株式会社ルーデン・ビルマネジメント | https://www.piaj.gr.jp/piaj_product_info/139.html | |
| 和興フィルタテクノロジー株式会社 | https://www.piaj.gr.jp/piaj_product_info/131.html | |

| 株式会社 ONE | https://www.piaj.gr.jp/piaj_product_info/153.html | |
|---|---|---|
| 株式会社 1Line | https://www.piaj.gr.jp/piaj_product_info/152.html | |

| 製品別：硝子製品 | 2020 年 12 月 26 日現在 6 社 | |
|---|---|---|
| 株式会社 A.G.T | https://www.piaj.gr.jp/piaj_product_info/116.html | |
| 株式会社オペス | https://www.piaj.gr.jp/piaj_product_info/7.html | |
| 株式会社 NP コーポレーション | https://www.piaj.gr.jp/piaj_product_info/115.html | |
| 株式会社クレド・ジャパン | https://www.piaj.gr.jp/piaj_product_info/111.html | |
| 光陽エンジニアリング株式会社 | https://www.piaj.gr.jp/piaj_product_info/9.html | |
| ナガムネコーポレーション株式会社 | https://www.piaj.gr.jp/piaj_product_info/99.html | |

## 光触媒工業会登録製品一覧

| 製品別：外装建材 | 2020年12月26日 現在14社 |
| --- | --- |
| 株式会社 A.G.T | https://www.piaj.gr.jp/piaj_product_info/116.html |
| 株式会社オペス | https://www.piaj.gr.jp/piaj_product_info/7.html |
| 株式会社 NP コーポレーション | https://www.piaj.gr.jp/piaj_product_info/115.html |
| 株式会社クレド・ジャパン | https://www.piaj.gr.jp/piaj_product_info/111.html |
| ケイミュー株式会社 | https://www.piaj.gr.jp/piaj_product_info/96.html |
| 光陽エンジニアリング株式会社 | https://www.piaj.gr.jp/piaj_product_info/9.html |
| 関ヶ原石材株式会社 | https://www.piaj.gr.jp/piaj_product_info/13.html |
| 太陽工業株式会社 | https://www.piaj.gr.jp/piaj_product_info/16.html |
| 株式会社 Danto Tile | https://www.piaj.gr.jp/piaj_product_info/18.html |
| TOTO 株式会社 | https://www.piaj.gr.jp/piaj_product_info/20.html |
| ナガムネコーポレーション株式会社 | https://www.piaj.gr.jp/piaj_product_info/99.html |

| | | |
|---|---|---|
| 名古屋モザイク工業株式会社 | https://www.piaj.gr.jp/piaj_product_info/151.html | |
| 株式会社 PGS ホーム | https://www.piaj.gr.jp/piaj_product_info/26.html | |
| YKK AP 株式会社 | https://www.piaj.gr.jp/piaj_product_info/120.html | |

| **製品別：内装建材** | | 2020 年 12 月 26 日 現在 16 社 |
|---|---|---|
| 株式会社アリエル | https://www.piaj.gr.jp/piaj_product_info/145.html | |
| エア・ウォーター株式会社 | https://www.piaj.gr.jp/piaj_product_info/143.html | |
| 株式会社 A.G.T | https://www.piaj.gr.jp/piaj_product_info/116.html | |
| 株式会社エムエージャパン | https://www.piaj.gr.jp/piaj_product_info/140.html | |
| 株式会社オペス | https://www.piaj.gr.jp/piaj_product_info/7.html | |
| 株式会社 NP コーポレーション | https://www.piaj.gr.jp/piaj_product_info/115.html | |
| 株式会社カタライズ | https://www.piaj.gr.jp/piaj_product_info/42.html | |

## 光触媒工業会登録製品一覧

| | | |
|---|---|---|
| 株式会社ガイア | https://www.piaj.gr.jp/piaj_product_info/41.html | |
| 株式会社クレド・ジャパン | https://www.piaj.gr.jp/piaj_product_info/111.html | |
| 株式会社 ThinkCorporation | https://www.piaj.gr.jp/piaj_product_info/164.html | |
| TOTO 株式会社 | https://www.piaj.gr.jp/piaj_product_info/20.html | |
| ナガムネコーポレーション株式会社 | https://www.piaj.gr.jp/piaj_product_info/99.html | |
| 廣瀬又一株式会社 | https://www.piaj.gr.jp/piaj_product_info/49.html | |
| 株式会社 PGS ホーム | https://www.piaj.gr.jp/piaj_product_info/26.html | |
| 株式会社ユーディー | https://www.piaj.gr.jp/piaj_product_info/119.html | |
| 株式会社ライズクリエイト | https://www.piaj.gr.jp/piaj_product_info/150.html | |

| 製品別：光触媒フィルター | 2020年12月26日 現在8社 | |
|---|---|---|
| 株式会社エムエージャパン | https://www.piaj.gr.jp/piaj_product_info/140.html | |
| 株式会社オペス | https://www.piaj.gr.jp/piaj_product_info/7.html | |
| 株式会社ガイア | https://www.piaj.gr.jp/piaj_product_info/41.html | |
| 昭和セラミックス株式会社 | https://www.piaj.gr.jp/piaj_product_info/46.html | |
| 盛和環境エンジニアリング株式会社 | https://www.piaj.gr.jp/piaj_product_info/98.html | |
| ナガムネコーポレーション株式会社 | https://www.piaj.gr.jp/piaj_product_info/99.html | |
| 光触媒サンブレス株式会社 | https://www.piaj.gr.jp/piaj_product_info/110.html | |
| ユーヴィックス株式会社（現：サンスターグループ） | https://www.piaj.gr.jp/piaj_product_info/124.html | |

| 製品別：電気製品 | 2020年12月26日 現在2社 | |
|---|---|---|
| 株式会社オペス | https://www.piaj.gr.jp/piaj_product_info/7.html | |
| 浜松ホトニクス株式会社 | https://www.piaj.gr.jp/piaj_product_info/118.html | |

## 光触媒工業会登録製品一覧

| 製品別：日用品 | 2020年12月26日 現在 11社 | |
|---|---|---|
| アツギ株式会社 | https://www.piaj.gr.jp/piaj_product_info/53.html | |
| 株式会社エスグロー | https://www.piaj.gr.jp/piaj_product_info/136.html | |
| 株式会社オペス | https://www.piaj.gr.jp/piaj_product_info/7.html | |
| 株式会社カタライズ | https://www.piaj.gr.jp/piaj_product_info/42.html | |
| 株式会社ガイア | https://www.piaj.gr.jp/piaj_product_info/41.html | |
| 株式会社クレド・ジャパン | https://www.piaj.gr.jp/piaj_product_info/111.html | |
| ナガムネコーポレーション株式会社 | https://www.piaj.gr.jp/piaj_product_info/99.html | |
| ナノベストジャパン株式会社 | https://www.piaj.gr.jp/piaj_product_info/160.html | |
| 光触媒サンブレス株式会社 | https://www.piaj.gr.jp/piaj_product_info/110.html | |
| 廣瀬又一株式会社 | https://www.piaj.gr.jp/piaj_product_info/49.html | |
| 丸富有限会社 | https://www.piaj.gr.jp/piaj_product_info/97.html | |

| 製品別：空気浄化機器 | 2020年12月26日 現在6社 |
|---|---|
| 株式会社エムエージャパン | https://www.piaj.gr.jp/piaj_product_info/140.html |
| 昭和セラミックス株式会社 | https://www.piaj.gr.jp/piaj_product_info/46.html |
| 盛和環境エンジニアリング株式会社 | https://www.piaj.gr.jp/piaj_product_info/98.html |
| 東洋興商株式会社 | https://www.piaj.gr.jp/piaj_product_info/36.html |
| ナガムネコーポレーション株式会社 | https://www.piaj.gr.jp/piaj_product_info/99.html |
| ユーヴィックス株式会社（現：サンスターグループ） | https://www.piaj.gr.jp/piaj_product_info/124.html |

| 製品別：水浄化機器 | 2020年12月26日 現在2社 |
|---|---|
| 盛和環境エンジニアリング株式会社 | https://www.piaj.gr.jp/piaj_product_info/98.html |
| ユーヴィックス株式会社（現：サンスターグループ） | https://www.piaj.gr.jp/piaj_product_info/124.html |

## 光触媒工業会登録製品一覧

| 製品別：インテリア・装飾 | 2020 年 12 月 26 日現在 10 社 |
|---|---|
| 株式会社アートクリエイション | https://www.piaj.gr.jp/piaj_product_info/121.html |
| 株式会社カタライズ | https://www.piaj.gr.jp/piaj_product_info/42.html |
| 株式会社ガイア | https://www.piaj.gr.jp/piaj_product_info/41.html |
| 株式会社クレド・ジャパン | https://www.piaj.gr.jp/piaj_product_info/111.html |
| 信越アステック株式会社 | https://www.piaj.gr.jp/piaj_product_info/94.html |
| 株式会社 ナノウェイヴ | https://www.piaj.gr.jp/piaj_product_info/23.html |
| 日本光触媒センター株式会社 | https://www.piaj.gr.jp/piaj_product_info/10.html |
| 光触媒サンブレス株式会社 | https://www.piaj.gr.jp/piaj_product_info/110.html |
| 廣瀬又一株式会社 | https://www.piaj.gr.jp/piaj_product_info/49.html |
| 丸富有限会社 | https://www.piaj.gr.jp/piaj_product_info/97.html |

| 製品別：その他 | | | 2020 年 12 月 26 日 現在 5 社 |
|---|---|---|---|
| 一般財団法人 カケンテストセンター | 受託分析サービス | https://www.piaj.gr.jp/piaj_product_info/93.html | |
| 株式会社環境技術研究所 | JIS R 1701 に基づく光触媒材料の性能評価試験機関 | https://www.piaj.gr.jp/piaj_product_info/55.html | |
| 東洋工業株式会社 | 舗装材 | https://www.piaj.gr.jp/piaj_product_info/35.html | |
| 株式会社光触媒研究所 | 受託評価試験 | https://www.piaj.gr.jp/piaj_product_info/27.html | |
| 一般財団法人 ボーケン品質評価機構 | 受託分析サービス | https://www.piaj.gr.jp/piaj_product_info/122.html | |

（角田勝則・落合　剛）

# 第 10 章

# 抗菌・抗ウイルス系性能評価方法

光触媒による抗菌・抗ウイルスメカニズムとその有用性

JIS/ISO による抗微生物の評価方法

chapter 10-1

# 光触媒による抗菌・抗ウイルスメカニズムとその有用性



微生物やウイルスはたんぱく質や核酸などによって構成されている有機物であり、非常に小さな生物です（表10-1）。このことから、光触媒反応によって、微生物やウイルスを分解することが可能となり、その感染能、増殖能を喪失します。この作用が光触媒による抗微生物・抗ウイルスメカニズムとなります。このように光触媒によって、微生物による感染リスクを低下させることが出来ます。更に、一般的な抗菌剤や抗ウイルス剤の使用によって発生する耐性を持つ微生物・ウイルスの発生を防止することが可能です。例えばメチシリン耐性黄色ブドウ球菌などといったものが有名ですが、このような耐性菌によって、院内感染が引き起こされるなど、人々の生活に大きな脅威となります。光触媒はその発生を抑えながら、感染リスク低減を得ることが出来る材料であり、数多くの製品開発が行われています。一方で、その性能を評価するためには、統一した試験方法で行うことが重要です。そこで、次に説明するようなJIS/ISOといった標準試験方法が制定され、運用されています。

**表 10-1　細菌とウイルスの比較図**

| | 細菌 | | ウイルス | | |
|---|---|---|---|---|---|
| | グラム陰性菌（大腸菌、肺炎桿菌等） | グラム陽性菌（黄色ブドウ球菌等） | バクテリオファージQβ | ネコカリシウイルス | インフルエンザウイルス |
| 大きさ | 約3 μm | 約1 μm | 約20 nm | 約30 nm | 約100 nm |
| 増殖 | 自己増殖可 | | 自己増殖不可（宿主：細菌） | 自己増殖不可（宿主：細胞） | |
| 構造の特長 | リポ多糖、外膜、薄いペプチドグリカン層、内膜 | 厚いペプチドグリカン層、細胞膜 | 脂質二重膜（エンベロープ）無 | エンベロープ無 | エンベロープ有 |

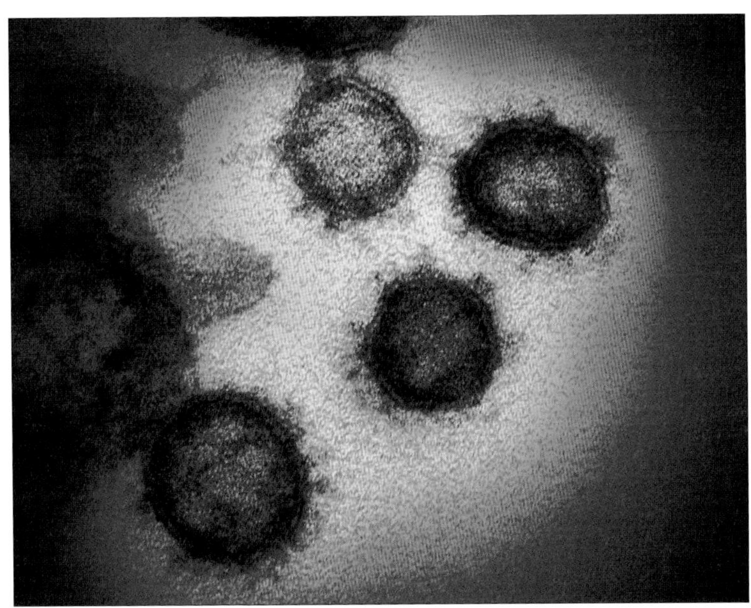

**新型コロナウイルスの写真**

Coronavirus covid-19
出展：PPS 通信社　写真家：IMAGE POINT FR - LPN / BSIP 撮影年月：2020-02

chapter 10-2

# JIS/ISOによる抗微生物の評価方法

表10-2にこれまでに制定されている光触媒による抗微生物の標準試験方法の一覧を示します。ここに示されるように、抗菌、抗ウイルス、抗かび、防藻についてJIS／ISOが制定されており、様々な材料・製品開発に利用されています。また、これらの評価方法は制定後にも時代に合わせながら利用しやすい試験方法となるように定期的に見直しがされています。ここでは良く使用されている抗菌性能評価方法を全体の流れとして紹介し、その他の微生物を対象としたときの抗菌性能評価試験方法との違いをポイントとして紹介していきます。微生物の種類によっては、試験者を感染リスクにさらしてしまうため、必ずバイオセーフティの知識や試験技術を習熟した方が試験をおこなうようにしましょう。バイオセーフティレベル対応した設備や機器も必要です。安全キャビネットやオートクレーブ、手袋なども準備しましょう。（図10-1、図10-2）

**表10-2　これまでに制定されているJIS／ISO一覧**

| 対象 | 光源 | JIS | ISO |
|---|---|---|---|
| 抗菌 | 紫外光 | JIS R 1702 | ISO 27447 |
| | 可視光 | JIS R 1752 | ISO 17094 |
| | | — | ISO 22551 |
| 抗ウイルス | 紫外光 | JIS R 1706 | ISO 18061 |
| | 可視光 | JIS R 1756 | ISO 18071 |
| 藻類 | 紫外光 | — | ISO 19635 |
| かび | 紫外光 | JIS R 1705 | ISO 13125 |

**図 10-1　安全キャビネット**

この中で、感染性微生物を扱います。それによって、試験者を感染から守りながら作業が出来ます

**図 10-2　オートクレーブ**

試験で使用した消耗品や試験品を入れて、滅菌処理をします。

## 1　抗菌性能評価方法

抗菌性能評価方法の対象は大きく分けて、ガラスやタイルなどの平板状と繊維状の加工品の2種類に分かれます。平板状の加工品については、フィルム密着法と呼ばれる方法が用いられ、繊維状の加工品については、ガラス密着法と呼ばれる方法を用います。それぞれで用いられる細菌も異なっており、フィルム密着法は大腸菌と黄色ブドウ球菌が使用され、ガラス密着法は大腸菌と肺炎桿菌が使用されます。細菌には大きく分けて2つの特徴（グラム陰性菌とグラム陽性菌）があります。そこで、性能評価ではグラム陰性菌（大腸菌、肺炎桿菌）、グラム陽性菌（黄色ブドウ球菌）と2種類の細菌を使用します。基本的な流れは、以下の様になります。

**フィルム密着法**

### ①　試験用の菌液の培養

試験用の菌は、寒天培地上で培養したものを取って、液中に混合し、菌数が試験範囲内に収まるようにします。この時、菌は適切に管理したものを使用する必要があります。

② 試験品の準備

試験品は 50 mm 角のサイズとして、光触媒加工した加工品を 6 枚、光触媒加工をしていない無加工品を 9 枚準備します。すべての試験品は、試験菌以外の微生物の汚染が無いように保ち、また表面には有機物などの汚れが無いように注意して、準備しておきます。他の微生物や有機物の汚れがあると、光触媒反応による抗菌効果をきちんと確認することが出来ないためです。

③ 試験品の設置

試験品と試験菌液は図 10-3 の様に設置します。また、図 10-4 はその作業例となります。試験菌液量は試験品のサイズや特徴により、変更することも出来ます。

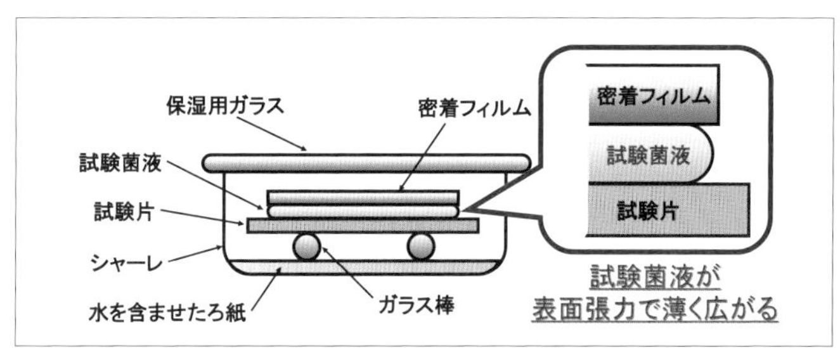


図 10-3 試験片の設置方法（フィルム密着法）

図 10-4 菌液の接種とフィルムの設置

試験品に試験液を接種してから（左）、密着フィルムをかぶせています（右）

### ④　光触媒反応

光触媒反応は最大で0.25mW/cm$^2$の紫外光照射強度として、一定時間の光照射をします。性能評価試験でのマトリクスの例を表10-3に示します。

**表10-3　試験マトリックス例（紫外光抗菌試験の例）**

| 時間 | 0時間 | 8時間 | |
|---|---|---|---|
| 照射強度 | 紫外光 0.0 mW/cm$^2$ | 紫外光 0.0 mW/cm$^2$ | 紫外光 0.1 mW/cm$^2$ |
| 無加工品 | #1 | #4 | #10 |
| | #2 | #5 | #11 |
| | #3 | #6 | #12 |
| 加工品 | — | #7 | #13 |
| | | #8 | #14 |
| | | #9 | #15 |

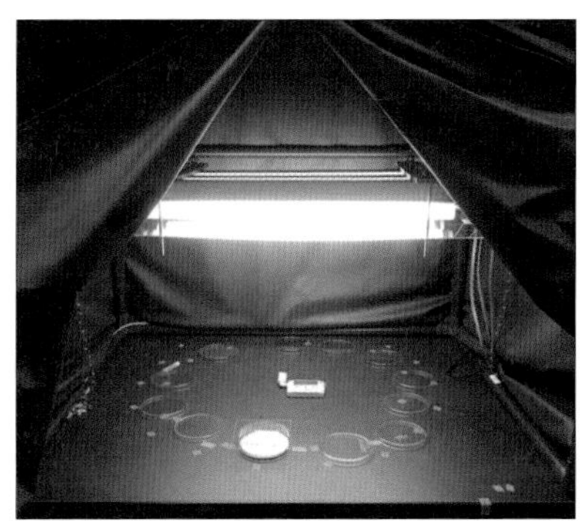

**図10-5　光照射例（可視光）**

この中で、光照射を行います。

表10-3にあるように、0時間（接種直後）の群、紫外光照射を行わない群と紫外光照射を行う群にわけ、試験をします。紫外光の代わりに可視光応答形光触媒を用いる場合は最大で3000 lxの照度を用い、蛍光灯から発せられる微量の紫外光をカットするフィルタを試験片と光源の間に入れることも行います。また、どちらの光源を用いる場合においても、実際に使用することが想定される照度を選択します。図10-5は光照射の例になります。

### ⑤　生菌数の確認

光触媒反応後に、接種した試験菌液を回収して、試験菌液を10倍ずつ段階希釈を行い、培養します。培養することで、その後、生菌は培地

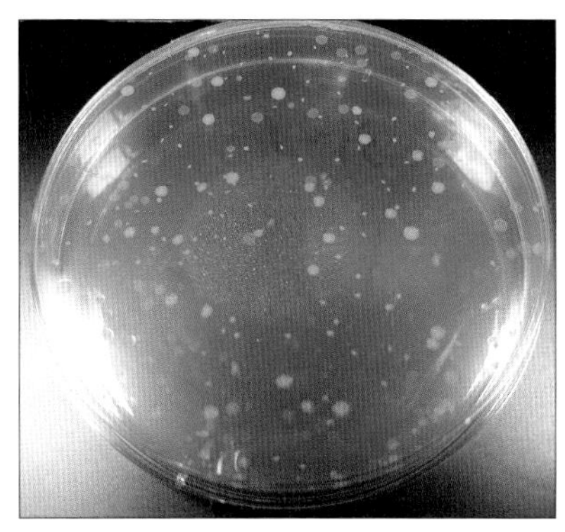

**図 10-6　細菌の検出**

写真にある粒一つ一つが 1 個の細菌から増えた細胞の塊（コロニー）です。

**図 10-7　コロニー数の測定**

コロニーの数を数えて、抗菌活性値を計算します。

中で生育し、コロニーという集落が出来るので（図 10-6）、試験菌を目で確認することが可能になります。この生菌数を測定します（図 10-7）。

⑥　抗菌効果の確認

得られた生菌数の中で、無加工品の値から試験成立条件を確認します。具体的な方法は割愛しますが、試験として成立した後、抗菌効果の計算を行います。抗菌効果は、光照射後の無加工品と加工品の減少の差から抗菌活性値として計算されます。光触媒としての効果の確認は、光照射を行わなかった無加工品と加工品を比較して、そこから抗菌活性値から得られた値を差し引くことで計算が出来ます。抗菌効果の判定としては、抗菌活性値が 2.0 以上ある場合に抗菌効果があると判定されています。

**ガラス密着法**

①　試験用の菌液の培養

ガラス密着法で用いる菌液は、試験用の菌を寒天培地上で培養した後、その菌体を試験前日に液体培養します。更に、試験当日にも再度、液体培養を行い、菌数が規定の中に納まるように調製します。

② 試験品の準備

試験品は基本サイズを50 mm角として、光触媒加工した加工品を6枚、光触媒加工をしていない無加工品を9枚準備します。試験品は高圧蒸気殺菌を行い、試験菌以外の微生物の汚染が無いようにします。また、試験品表面の有機物汚れを前もって除去するために、フィルム密着法と同様に、紫外光を照射してから使用することもあります。

③ 試験品の設置

試験品は水で湿らせたシャーレとU字管を置き、その上に60 mm角のガラス板を置きます。そこに、試験品を置いてから、菌液を一定量接種します。接種後に試験品を挟むようにガラス板を置き、保湿用ガラスを置き、光触媒反応を行います。光触媒反応以降、生菌数の確認まではフィルム密着法と同様の方法になります。

④ 抗菌効果の確認

得られた生菌数の内、無加工品の値から試験成立条件を確認し、フィルム密着法と同様に抗菌効果を確認します。

このように、抗菌試験方法の手順は非常に簡便で、また、他の微生物を対象としたときにも手順を出来るだけ共通化させています。ここで、次ページに抗菌性能評価試験の大まかな流れのおさらいを示します。ここにある「抗菌」を他の微生物に置き換えることでも、このような流れに沿って試験が行われますので、是非覚えておいていただければと思います。

● **抗菌性能評価試験のおさらい**

抗菌性能評価や他の抗微生物性能評価試験は次にように進んでいきます。

**試験したい光触媒加工品の性質や形状による試験方法の選択**

JIS/ISO規格を用いることが出来るか、応用試験とするか選びます。応用試験が必要な場合はKISTECなどの研究機関にご相談してください。

↓

**試験対象細菌の選択と入手**

目的に合わせた細菌を選び、入手し、使用できるように増やします。

↓

**試験品の準備、設置、光触媒反応**

選んだ規格に応じた試験品の準備、設置、光触媒反応を行います。

↓

**抗菌効果の確認**

得られたコロニー等を確認して、抗菌効果を計算します。

感染リスクを下げるために、作業は安全キャビネット内で行い、試験の終了後には、速やかに微生物などを図10-2にあるようなオートクレーブで滅菌処理をしましょう。また、手元にすぐ届くように消毒剤を入れたスプレーやボトルを置いておくとよいです。

## 2 実環境を想定した抗菌性能評価方法

JIS/ISOで規定されている抗菌性能評価方法は菌液を試験品上に接種し、光触媒反応後に回収し菌数を測定する方法となっています。一方で、我々の生活環境下においては、JIS/ISOの抗菌試験方法の様に多くの菌が含まれた液体がある状況はほとんどないと言えます。実際に、実環境下における光触媒加工品の抗菌効果を1年かけて検証した結果、付着した皮脂汚れなどにより、実際の環境ではJIS/ISOでの評価結果と比較して、抗菌効果が低いことがわかりました。そこで、実環境を想定した抗菌性能評価方法の開発が進められ、ISO 22551として制定がされました。この方法のポイントは、試験菌液の接種方法にあります。通常のJIS/ISOとは異なり、粘性を持つ試験菌液を調製し、それを直接試験品に塗っていき、抗菌効果を測定しますが、保湿用のろ紙を入れないことで、生活環境を模擬することにより、生活環境下における抗菌効果を確認することです。この方法を用いて、実際に試験を行った結果、実環境で得られる抗菌効果と同様の結果が試験室で得られるようになりました。

## 3　抗ウイルス性能評価方法

光触媒ではない加工品の場合には、インフルエンザウイルスやネコカリシウイルス（ノロウイルスの代替ウイルスとして使用されています）を主に使用するのですが、光触媒による抗ウイルス性能評価方法で用いる対象ウイルスはバクテリオファージというウイルスを用います。これは、インフルエンザウイルスやネコカリシウイルスの様に動物細胞に感染はせず、細菌に感染し、増殖するウイルスです。バクテリオファージを用いる利点は次の様になります。まず、試験にかかる費用が安価であることです。細菌を培養、維持する費用に対して、動物細胞を培養、維持するための費用は高額となります。次に、安全性が挙げられます。バクテリオファージは人には感染しないため、試験者に対して安全に試験を行うことが可能です。また、前述したように、光触媒による抗ウイルス効果は、分解反応によることから、バクテリオファージを実際のウイルス代替モデルの指標として使用することも可能です。このようなことから、光触媒の抗ウイルス評価ではバクテリオファージを用いて試験を行います。

抗菌性能評価方法と異なる点は、バクテリオファージの増殖や検出の部分になります。バクテリオファージを増やすために、予め宿主となる細菌を増殖しておき、そこにバクテリオファージを感染させます。感染させた状態で更に培養すると、細菌内に感染したバクテリオファージがたくさん増えます。それを回収して、バクテリオファージ液を作成することが出来ます。このバクテリオファージ液を試験範囲内に収まるように調製します。そこから、回収までは抗菌試験方法と同様になりますが、宿主細菌に感染させて、それを寒天培地に撒いて培養します。そうすると、感染性を持ったバクテリオファージは宿主細菌を溶かしてしまうので、プラークというものが目視できるようになります（図10-8）。これによって、バクテリオファージ量を測定出来、抗ウイルス効果を確認することが出来ます。また、このJIS/ISOを参考にしながら、実際の動物細胞に感染するウイルス（例えばインフルエンザウイルスやネコカリシウイルス）を用いて試験をおこなうことで、より具体的な抗ウイルス効果の確認が可能となり、研究開発を行っていくうえで、重要と考えられます。実際にウイルスを増やしてから、その感染価を測定したものが、図10-9になります。図に矢印で示したように、ウイルスの量が少ないと、バクテリオファージと同じように透明なプラークが少しだけ出来ます。もしも、ウイルスがそのまま残っている場合、すべての宿主細胞が死んでしまうので、宿主細胞がいなくなってしまいます。そのため、細胞とプラークを見やすくするための青い色素を入れても、細胞が染まりません。

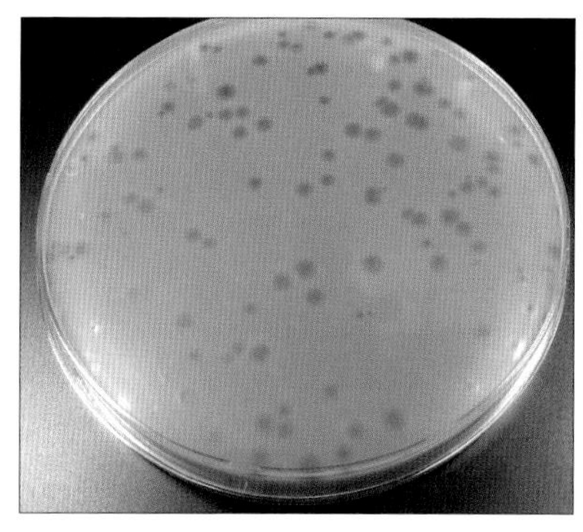

**図10-8　バクテリオファージの検出**

透明な粒一つ一つが1個のバクテリオファージから増えたプラークです。

**バクテリオファージと動物細胞感染ウイルスの違いと使用する利点**

| | |
|---|---|
| **安全性** | バクテリオファージは人に感染しないため、安心して使用できます。 |
| **設備** | バクテリオファージの使用は一般的な試験環境で使用できます。 |
| **費用** | バクテリオファージは安価な試薬だけで試験をすることができます。 |
| **測定速度** | バクテリオファージは簡単に増やせて、簡単に感染価を測定できます。 |

**図 10-9　動物細胞感染ウイルスのプラーク**

宿主細胞が死んでいないところは色がついています。一つのウイルス粒子の感染により、宿主細胞が死んでしまい、透明なプラーク（黒い矢印）となって、ウイルスを目視できるようになります。ウイルスの量が多いと、すべての宿主細胞が死んでしまいます（透明な矢印）。

**図 10-10　噴霧試験で用いるグローブボックス**

この中に、ウイルス液を噴霧して、小型空気清浄機などの抗ウイルス効果を測定します。

## 4　グローブボックスを用いた抗ウイルス試験方法

光触媒に関して、空間中の微生物に対する試験方法規格の整備は行われていません。そこで、一般社団法人日本電機工業会が作成している規格などを参考に光触媒加工品を搭載した空気清浄機等の試験が行われています。ここでは、グローブボックスを用いた光触媒加工品の性能評価について、紹介します。グローブボックスは密封されたものを準備します（図 10-10）。微生物を噴霧することから、外部に微生物が漏れてしまう事がないようにする為です。試験方法としては、試験対象とする基材を準備したグローブボックス内に設置した後、ネブライザーで対象微生物を噴霧します。この後、試験機を稼働させ、空間中に浮遊する微生物の減少量を確認します。その方法はゼラチンフィルタ等を用いて、噴霧したウイルスを回収し、その感染価を測定することで確認できます。

## 5 その他の抗微生物性能評価方法

その他の抗微生物性能としては、かびや藻類を対象としたものがあります。いずれについても、抗菌性能評価法と同様の手法を用いて、微生物種を変えることで試験をおこなうことが可能となっています。ただし、これらの微生物についても、培養方法や測定方法に違いがありますので、それぞれの規格をきちんと確認することが大事です。藻類の場合、培養して測定するのではなく、クロレラの量を吸光度で測定する方法になります。その他、かびや藻類を対象とする場合、紫外光照射強度が、細菌やバクテリオファージと比較すると高いという事であり、かびでは0.8 $mW/cm^2$、藻類では1.0 $mW/cm^2$ まで上限を上げているという事です。また照射時間も24時間まで長くしています。この理由は、微生物の構造によります。ウイルスの場合、外膜が破壊され、感染能が失われることで、抗ウイルス効果を発揮します。また、ウイルスは自己増殖をすることが出来ません。このことから、適切な光触媒であれば、短い時間で十分抗ウイルス効果が発揮できると考えられており、4時間の照射時間が標準となっています。細菌は、自己増殖できることや構造がウイルスより複雑であることから、抗菌効果を確認するための標準照射時間は8時間となっています。このように考えた時に、かびや藻類は更に強固な自己増殖能や構造を持っている為、長い照射時間が設定されています。また、紫外光の照射強度によっても、各微生物が耐えられる照射強度やそれに伴う試験時の温度があります。以上のことから、それぞれの微生物に対して、適切な照射強度、時間が設定されています。

## 6 まとめ

上記の様に、様々な微生物に対する光触媒の性能を確認する方法があります。ここでは、抗菌性能評価試験方法を軸に、その他の微生物を対象としたときの性能評価について、幾つかのポイントを紹介しました。現在は、新型コロナウイルスの世界的な感染拡大が大きな問題となっている状況です。これにより、安全で確実な抗ウイルス効果を発揮できる光触媒に高い注目が集まっており、国内外の企業、研究機関が光触媒を応用した抗ウイルス製品の研究開発を推進しています。また、光触媒が実際に新型コロナウイルスに対して、効果的な抗ウイルス効果を持つことも明らかとなっています。今後、更に新しい光触媒の研究開発が進むと考えられ、性能評価の重要性も増してきています。この章で、抗微生物試験方法の概要を理解いただき、より詳細な試験方法については、各規格をご参考に、光触媒の研究開発を推進していただければと考えます。

**参考文献**

1. 左巻健男著「世界を変えた微生物と感染症」（祥伝社、2020 年）
2. 中込治（監修）、神谷茂（編集）、錫谷達夫（編集）「標準微生物学 第 13 版」（医学書院、2018 年）

（石黒　斉）

# 第 11 章

# 光触媒能による水分解

光触媒による水分解研究の歴史と最新研究動向
光触媒による水分解の動作原理
水分解の実験方法
実験結果に関する注意点

chapter 11-1

# 光触媒による水分解研究の歴史と最新研究動向

光触媒を用いた水分解は、水と光から水素を作り出すクリーンなエネルギー製造手法として期待されており世界中で研究が行われています。

その研究の発端は1972年にNature誌で発表されたホンダ・フジシマ効果です。図11-1に示したようなルチル型酸化チタン単結晶と白金対電極からなる電極系を作製し、酸化チタンに光を照射したところ、水を分解して水素と酸素が生成されます。酸化チタンに紫外線を照射すると、価電子帯の電子が伝導帯に遷移し、価電子帯と伝導帯に自由に動ける正孔と電子が生成します。価電子帯の正孔は水を酸化し、酸素とプロトン（$H^+$）を発生します。一方、伝導帯の電子は外部回路を通じて白金対電極へ移動し、プロトンを還元して水素を発生させます。

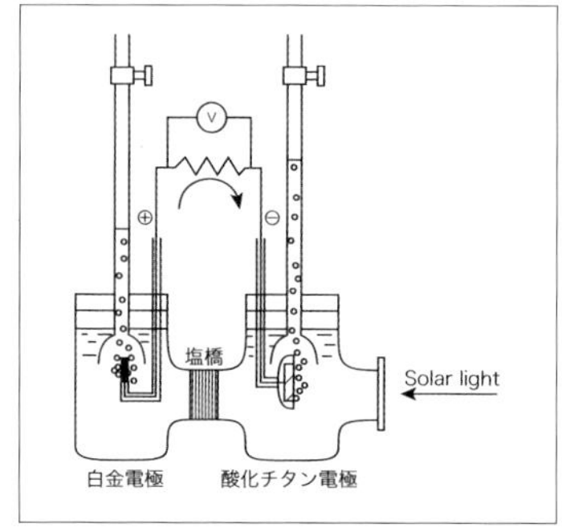


**図 11-1**
**ホンダ・フジシマ効果の模式図**

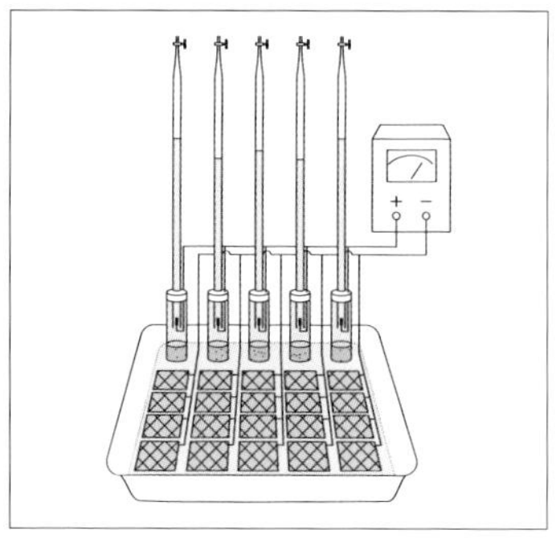

**図 11-2**
**太陽光から水素を取り出す実験で用いた装置の模式図**

水素を大量に合成するためには酸化チタン電極を多く準備する必要があります。しかし単結晶は高価なため、酸化チタン電極の安価な作製法が求められていました。藤嶋らは金属チタン板をバーナーで炙り、表面に酸化皮膜を形成させることで酸化チタンにしたものを電極に用い、図11-2のような実験系を野外に放置したところ、1メートル四方の酸化チタン板から1日7リットルの水素が得られました。しかし、実用用途ではこの量では不十分です。また、太陽光水素変換効率（STH）はわずか0.3%に過ぎませんでした。これは、酸化チタンは太陽光に数%しか含まれない紫外光しか利用できないためです。そこで、STHを上げるべく、次節で詳しく説明しますが、太陽光に多く含まれる可視光も利用できるような光触媒の開発が盛んに行われています。

光触媒の水分解による水素生成の実用化に向けては、STH向上の他にも、反応システムの大面積化・低コスト化も重要です。水分解の実験は通常、ある程度深さのある容器に水を入れ、その中に光触媒粉末を懸濁させて行います。しかし、実用化に向けてそのまま反応器を大型化しようとすると、大容量の水を保持するための大型で高強度の反応器が必要となり、コストが嵩んでしまいます。そこで堂免らは、図11-3に示したような新しい水分解用の光触媒パネル反応器を設計・開発しました。反応器には、50 mm角のチタン酸ストロンチウム光触媒シートが格納され、石英窓とのわずか数ミリの隙間に水を供給する仕組みになっています。チタン酸ストロンチウム光触媒は、酸化チタン同様、紫外線しか利用できませんが、それだけで水分解が可能であり、基板に塗布するだ

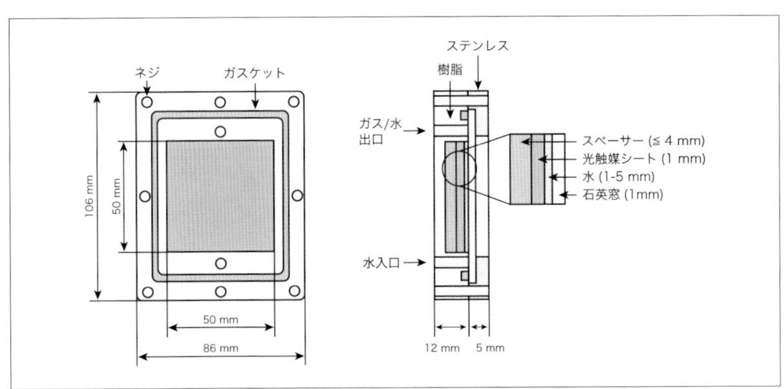


**図11-3 新たに開発したパネル反応器の模式図**

出典：NEDO HP ニュースリリース（2018年1月19日）
https://www.nedo.go.jp/news/press/AA5_100899.html

けで光触媒パネルとして機能します。実験の結果、水深がわずか 1 mm であっても水分解が実現し、2 時間以上光触媒シートの活性は維持されました。また、紫外線の強度を上げた試験を行い、STH = 10% に相当する水素発生を実証しました。さらに、1 $m^2$ スケールの大型化にも成功しており、自然太陽光を用いた水分解では STH = 0.4% を達成しています。

また堂免らは、2 種類の可視光応答光触媒と導電性材料をガラス基板に固定した混合粉末型光触媒シートを開発し、STH = 1.1% を達成しています。さらに実用化を目指したプロセス開発も同時に行い、大量生産可能なスクリーン印刷法を用いた 10 cm 角の光触媒シートの作製にも成功しています。

このように光触媒による水分解の研究は着実に進展していますが、図 11-4 に示しましたように変換効率はまだ十分とはいえません。人工光合成の実用化には STH が 10% に達することが目標となっていますが、光触媒による水分解では STH = 1.1% 程度に留まっています。そのため、太陽電池や光電極と組み合わせた統合システムの研究も精力的に行われています。一例として、杉山らは集光型太陽電池と水電解装置を組み合わせた水素生成システムにおいて、STH = 24.4% を達成しています。



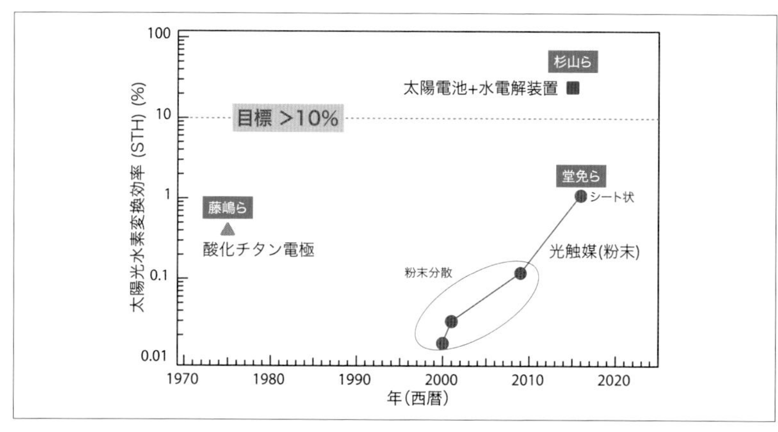


**図 11-4　太陽光水素変換効率（STH）の変化の様子**

chapter 11-2

# 光触媒による水分解の動作原理

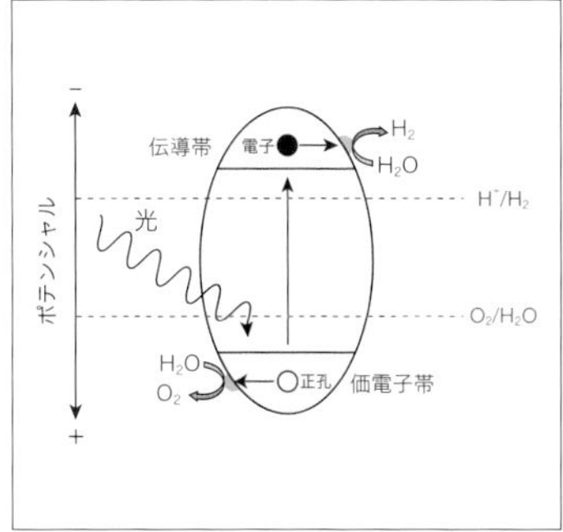


**図 11-5　水分解を実現するための光触媒のバンド構造**

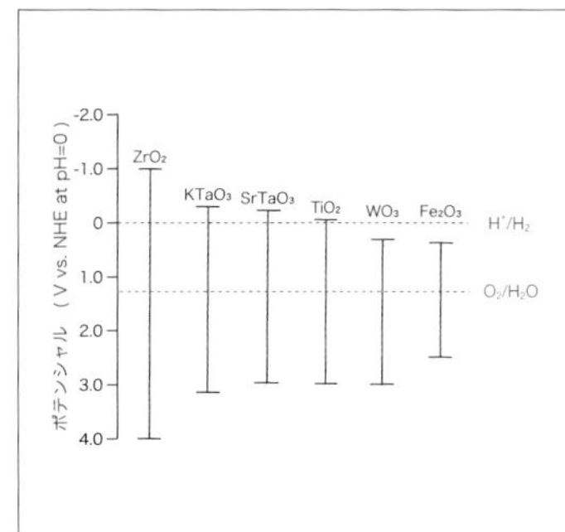


**図 11-6　代表的な酸化物半導体のバンド構造**

光触媒反応では、光励起により伝導帯（価電子帯）に生じた電子（正孔）を還元（酸化）に利用するため、水分解を実現するためには、図 11-5 に示したように「伝導帯にある電子の電位が水の還元電位より卑（マイナス側）」かつ「価電子帯にある正孔の電位が水の酸化電位より貴（プラス側）」であることが必要です。酸化チタンに代表される酸化物半導体の場合、価電子帯は主に酸素の 2 p 軌道から形成されます。そのため、図 11-6 に見られるように、酸化物半導体の多くで価電子帯の位置は標準水素電極（Normal Hydrogen Electrode : NHE）に対して約 3.0 V に固定されます。一方、水の還元電位は 0 V のため、伝導帯は 0 V より負側にある必要があります。したがって、約 3 eV（波長 約 400 nm）以上のバンドギャップを持つ光触媒が必要となりますが、これでは太陽光の数 % にすぎない紫外光しか利用できません。この研究分野の最終目標は、太陽光を使って水から水素を製造するソーラー水素の実用化ですので、可視光照射で水分解を達成できる光触媒の開発が望まれていました。

第11章　光触媒能による水分解

可視光応答を実現する一つの手法がバンドギャップ狭窄です（図11-7）。酸化物半導体に微量の遷移金属をドープすると、バンドギャップ内に新たな不純物準位が形成されます（図11-7の（b））。この不純物準位から伝導帯の光励起を用いることで、実際のバンドギャップよりエネルギーの小さい波長の長い光の照射で水分解を起こすことが可能になります。

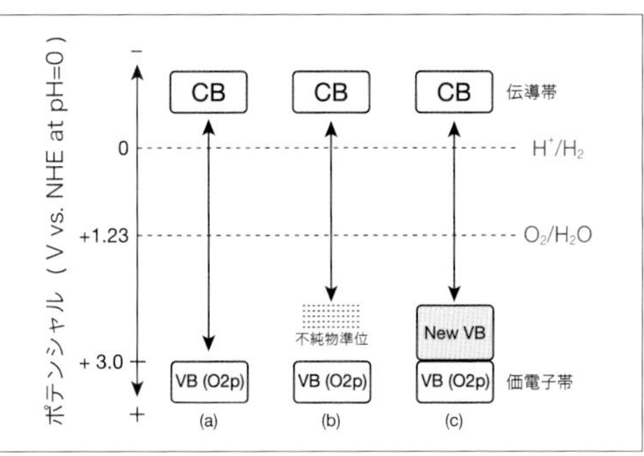


**図 11-7　バンドギャップ狭窄の概念図**

（a）元のバンド構造（b）不純物準位の導入 (c) 浅い価電子帯の作製

また、酸素の2p軌道からなる価電子帯よりも浅い位置に新たな価電子帯を形成できる金属（$Cu^+$, $Ag^+$, $Pb^{2+}$, $Sn^{2+}$, $Bi^{3+}$ など）を導入したり、酸素の2p軌道をエネルギー準位が卑（マイナス側）な窒素の2p軌道、硫黄の3p軌道、セレンの4p軌道に置き換えることで、価電子帯を水の酸化電位に近づけることができます（図11-7の（c））。これを利用して、水分解が可能なバンド構造を維持したまま、可視光応答を実現した例もあります。

もう一つの手法は、水素のみ生成する光触媒と酸素のみ生成する光触媒、および両粒子間で電子のやり取りを行う電子伝達系から構成されるZ-スキーム型とよばれる光触媒を利用する方法です（図11-8）。この光触媒は、植物の光合成メカニズムを模した構成となっています。水素（酸

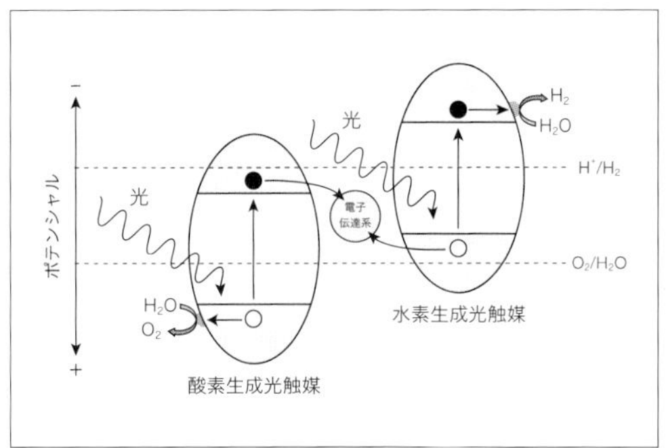


**図 11-8　Z-スキーム型光触媒の模式図**

素）生成光触媒のバンドギャップは小さくてすむため、より長波長の光を利用した水分解が可能になります。現在では赤色光（波長約700 nm）の光でも水分解を起こせる光触媒が開発されてきています。

ソーラー水素の実用化に向けては、太陽光水素変換効率（STH）を上げる必要があります。そのためには、水分解反応に使える光の波長範囲を広げる他に、吸収した光を効率的に反応に使えるようにすることが重要です。その実現のためには、光触媒の調整法や助触媒（酸化還元反応の活性点として光触媒に担持される金属や金属酸化物などの微粒子）の最適化が必要です。一例として堂免らは、チタン酸ストロンチウム光触媒の粒子形態を制御し、特定の結晶面に水素生成助触媒と酸素生成助触媒を選択的に導入しました。光励起により生成した電子と正孔をそれぞれの助触媒に選択的に移動させることで再結合を抑制し、吸収した光のほぼすべてを水分解反応に利用することを可能にしています。

# 水分解の実験方法

光触媒試料を用いた水分解における水素および酸素の発生量を正確に評価するためには、図 11-9 で示したような閉鎖循環系で評価する必要があります。この装置は、反応器と真空ライン、およびガスクロマトグラフに直接繋がっているガス採取口で構成されています。後述しますが、光触媒による水分解を評価する際に、酸素ガスの定量検出は非常に重要になるため、測定系内に空気が混入しないようにすることが重要です。

反応容器にはいろいろな形状の物がありますが、光を内部から照射できる物を使うと、効率の良い光照射を行うことができます。光触媒のバンドギャップが大きく、300 nm 以下の波長の光を照射する必要がある場合、一般的に高圧水銀灯が光源に使用されます。可視光照射を行いたい場合は、キセノンランプと（紫外線の）カットオフフィルターを使用します。太陽光照射下における水素生成を検討する場合は、ソーラーシミュレーターが標準光源になります。

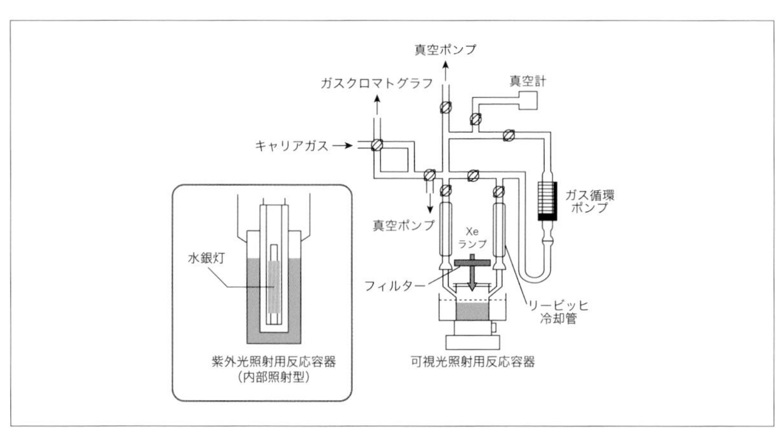


**図 11-9　閉鎖環境系の模式図**

chapter 11-4

# 実験結果に関する注意点

光触媒による水の完全分解反応の実験結果を評価する際、注意すべき点がいくつかあります。

はじめに、水素と酸素が化学量論比どおり（水素：酸素 = 2:1）で生成しているか確認する必要があります。水素生成しか起こらない場合、生成した水素量は光触媒の量に対して非常に少ないことが多く、光触媒による水素生成であると結論づけることは難しいです。その一方、水の完全分解反応は非常に難易度が高いため、光触媒活性を評価する方法として、犠牲試薬を用いた反応が良く行われます。アルコールなどの還元剤を加えた場合、価電子帯中の正孔が消費されるため、水の還元に伴う水素のみが生成します。一方、塩化銀などの酸化剤を加えた場合は、伝導帯中の電子が消費されるため、水の酸化に伴う酸素のみが生成します（光触媒内に生成した電子・正孔と水素・酸素生成との関連性については図11-5を参照して下さい）。

次に、光照射の時間とともに水素と酸素の生成量が増加することを確認する必要があります。生成速度が時間とともに減少する場合は、不純物による反応などが疑われます。

生成物（水素と酸素）の総量が触媒量を上回っていることの確認も重要です。生成物総量が光触媒量より下回った場合、光触媒反応ではない他の化学量論的な反応が起きたと疑われるからです。この評価には下式で定義されるターンオーバ数（Turnover number ; TON）

**TON＝反応した分子数 / 活性サイト数**

を用いることが一般的ですが、活性サイト数を求めるのは難しいため、

**TON＝反応した電子数 / 光触媒内の原子数**

もしくは

**TON＝反応した電子数 / 光触媒表面内の原子数**

としてTONを求めます。反応した電子数は生成した水素ガスの量から算出します。TONが1を上回れば光触媒反応による水分解が起きたと言えますが、1を大きく下回る場合は他の反応が起きた可能性を疑う必要があります。なお、一般に光触媒活性は用いた光触媒の質量に比例しないため、1gあたりの活性（例えば$\mu$mol $h^{-1}g^{-1}$）に換算するのは避けるべきです。

光触媒反応の活性は、光量や反応器などの実験条件に依存するため、実験条件が異なる実験の間では反応効率を比較することができません。そのため、下式で定義される量子収率（Quantum Yield ; QY）

**QY（%）＝（反応した電子数/吸収した光子数）×100**

を求めることが、実験間の比較のために重要になります。しかし、光触媒が吸収した光子数を測定することは難しいため、入射した光子数に置き換えた見かけの量子収率（Apparent Quantum Yield ; AQY）

**AQY（%）＝（反応した電子数/入射した光子数）×100**

を用います。この値が著しく小さい場合も、光触媒の信頼性に注意すべきです。なお、量子効率は以下の式で表される太陽光水素変換効率（Solar to Hydrogen Energy Conversion Efficiency ; STH）

**STH（%）＝（水素として出力したエネルギー / 入射太陽光のエネルギー）×100**

とは異なる点に注意が必要です。太陽光を利用した水素生成を対象とする場合、STHの評価が必要です。

最後に、応答すべき波長（バンドギャップより高エネルギー）の光を照射した際に、水分解反応が進行し、暗部では止まること（光応答性）を調べる必要があります。これには、光触媒の吸収スペクトルと光触媒反応性の波長依存性（アクションスペクトル）を比較することが必要です。アクションスペクトルの測定には、バンドパスフィルターや干渉フィルターなどを用いて、単色光（特定波長の光）を照射することが必要です。特に可視光応答光触媒を議論するする場合、可視光領域に吸収があっても、その吸収が光触媒反応に寄与できない場合がしばしば見られるため、

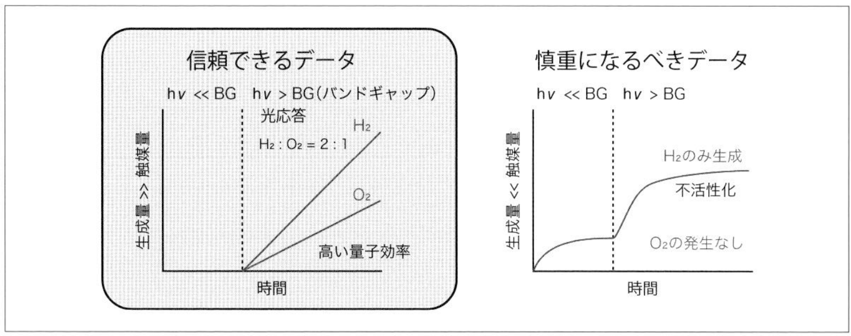


**図 11-10　実験データにおける注意点**

このデータは必要不可欠です。また、金属酸化物の中には光を照射しなくても水中で攪拌するだけで、メタノキャタリス（力学的反応を用いた触媒反応）による水分解をおこす物があるため、暗状態での対照実験を行い、水分解反応が真に光触媒反応により起きていることを確認することが必要です。

これらの点を踏まえ、信頼性の高い実験データと慎重になる必要があるデータの例を図 11-10 に示しました。

参考文献

1. "Heterogeneous photocatalyst materials for water splitting" Akihiko Kudo, Yugo Miseki, Chemical Society Reviews, 38, 253-278 (2009)

（鈴木孝宗）

# 第12章 将来展望

水浄化
農業への応用
医療分野への応用
世界遺産を守るために
安全安心で快適な住環境
人工光合成の研究動向

chapter 12-1

# 水浄化

光触媒を環境浄化に使おうとする際の理想的な使い方は、太陽エネルギーを利用した低濃度に分散している汚染物質を浄化することです。太陽エネルギーは莫大ではあるものの、地表にはたかだか 1 $kW/m^2$ の密度で降り注ぐに過ぎません。一方、環境汚染物質は通常、希薄な状態で環境中に漂っています。そこで、後述するように、中国や韓国では、国を挙げての空気浄化への取り組みが活発に行われています。日本においては 1990 年代後半から、道路表面に塗布した光触媒の作用により窒素酸化物（NOx）を除去する光触媒舗装が開発され、フォトロード工法と名付けられ実証試験が行われてきました。このように、太陽エネルギーを最大限利用できる屋外において、光触媒の環境浄化への貢献が積極的に検討されています。

ところで 2020 年上期には、下水から新型コロナウイルスが検出されたとのショッキングな報道がありました。家庭からの排水は下水処理場で処理されるため心配はありませんが、下水処理されずに環境中に排出された場合も含め、環境水の安全・安心を担保するための取り組みが求

**図 12-1　光触媒ネットによる大規模水浄化の事例**（出典：http://www.slgpt.com/）

められます。ここでも光触媒の活躍が期待されます。

しかしながら、空気と違って水は、抵抗があることから吸い集めて回収し一気に処理することが難しく、また、光の遮りもあるため光触媒を有効に機能させることは困難でした。また、水の流れが遅い湖や池、沼などの湖沼では、水中の汚染物質をうまく光触媒に吸い寄せることができず、大気中の汚染物質とは異なる工夫が必要となります。

このように大量の水処理をするには更なる研究開発の進展が望まれるところですが、最近の事例として面白い試みがあり、ご紹介します。中国の双良という会社は、軽量な光触媒ネットを開発し、湖や池などの汚れた水面に浮かばせて大規模な水浄化への試みを行っています（図12-1)。水浄化能力や耐久性、また、環境への影響などもまだまだ評価すべきことはありますが、このような無電源で機能する光触媒ネットは、軽量かつ安価、そして水浄化に効果があることが実証されれば、地球規模での安全で清潔な水問題への解決に貢献できると期待できます。

一方、少量の水処理では第９章の製品例でもご紹介したようにいくつかの事例があります。近年では紫外線LEDの開発も進み、長寿命でコンパクトな光源との組み合わせによって、小規模での水浄化装置に光触媒技術が組み込め、様々な製品群が創出されることでしょう。

chapter 12-2

# 農業への応用

食品ロスが日本などの先進国では社会問題となっています。一方、世界全体で見れば食糧の不足が大問題になると言われています。一見矛盾しているこれら問題は、デジタル管理した次世代のスマート農業によって解決できる可能性があり、大きなビジネスチャンスがあります。

ICTやロボット、AIなどを活用するスマート農業を効率よく行うには、管理された空間が必要で、そのためには軽量で安価であることからビニールハウス栽培が向いています。露地栽培に比べて、温度や湿度の管理がしやすい特徴があります。しかし、透明なビニールでも表面に汚れが付着し、植物の育成に必要な太陽光が入り難くなってしまいます。そこで、建材の外壁などでも活躍している光触媒のコーティングが登場します。また、遮熱効果のある光触媒コーティングを施せば、光合成に必要な光は取り込みつつ、熱源となる太陽光を遮断し、ハウス内を快適な温度に保つこともできます。これら効果を達成するには、光触媒効果の優れた材料でありつつ、高分子であるビニール素材を傷めない工夫が必要となり、さらに、柔らかいビニールに対してひび割れしないコーティングを考えなければなりません。また、ビニールハウス内面には結露が生じ、そのことによっても太陽光が入る量を下げてしまっています。さらに、この結露によって、垂れた水滴が葉物に当たり腐るといった問題もあります。そこで、光触媒の超親水性効果を利用すれば、結露防止と光取り込み量の確保にもつながり、植物育成への一躍を担えるのではないでしょうか（図12-2 a)。

また、ビニールハウスよりも丈夫で屋外にて栽培ができるガラス温室においては、全面がガラスで建築されていることもあり、高分子のビニールとは違い光触媒セルフクリーニングを適用しやすいと言えます。常にクリーンなガラス表面を保ち、可視光から近赤外光、そして遠赤外光の

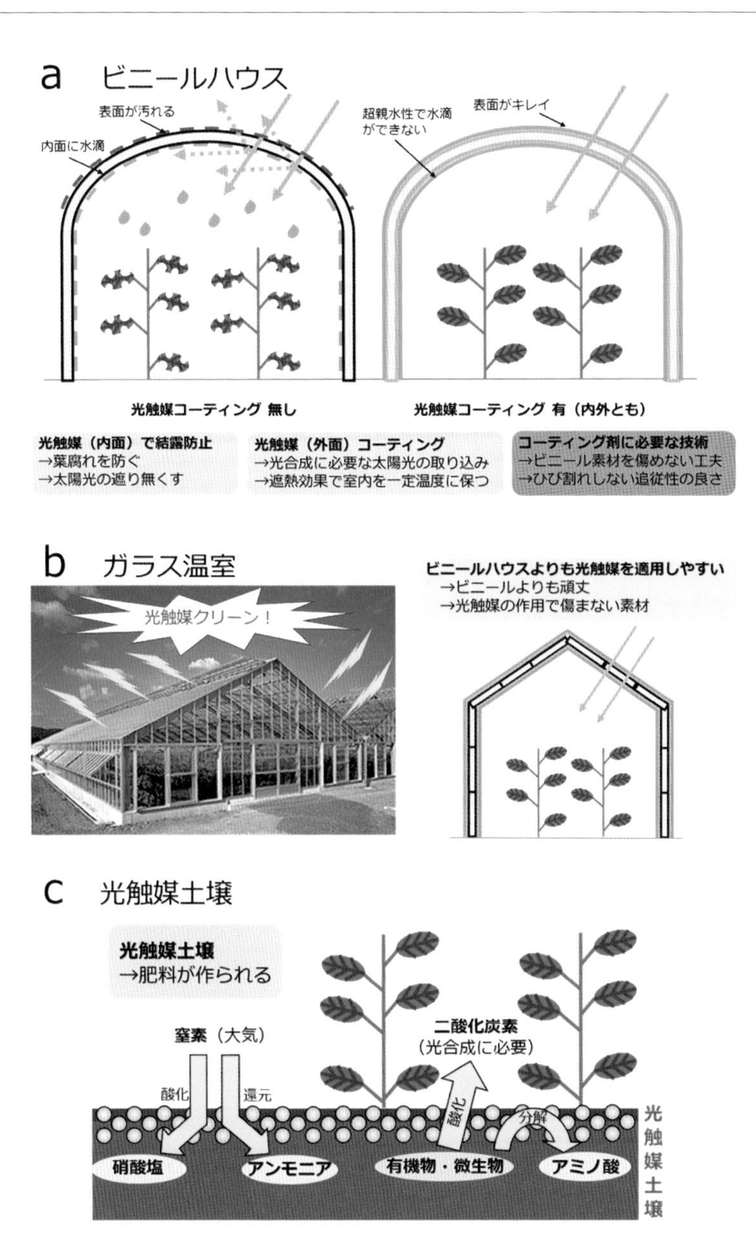


図 12-2　光触媒が切り拓く次世代農業システム

透過も一定にすることで、保湿性にも優れた室内環境を作り出すことができます（図12-2b）。ビニールハウスに比べてより早い段階で、光触媒技術を適用でき幅広い普及につながるものと期待できます。

その他、実用段階が近い技術として、光触媒による農薬廃液の処理技術や水耕栽培の養液処理技術が挙げられます。これらは小型水処理装置を応用することもできますし、ビニールハウスや温室に降り注ぐ太陽光を使ったシステムで構築することも可能です。神奈川県農業技術センターの深山陽子さん達の実験結果からも光触媒水処理装置が農業廃液の処理に有効に作用することがわかっていますので、ガラス温室のセルフクリーニング同様、活発に産業化が進む技術と言えます。

さらに近年では、より高度に環境を制御して作物を生産する植物工場が注目されています。ここでは土を使わず栄養素を含んだ水で栽培する水耕栽培が一般的です。土耕栽培とは異なり、頻繁に雑草を取り除かなくてもよく、植物に直接栄養を与えて収穫を増やすこともできます。ところが植物工場の抱える問題として、栽培溶液の汚染があります。養液を循環して使う水耕栽培では、栽培を繰り返すにつれて養液の中に菌類や藻類による汚染が顕著となってきます。藻が栽培棚に発生すると、養液に含まれる栄養素を藻も吸収してしまい、植物の育成が悪くなります。また、藻には植物にとって有毒なものもあり、植物の成長抑制や病気の原因にもなり、収穫量や品質の低下をもたらします。したがって、栽培液の浄化のためにも光触媒の活用を検討し、生産効率を高めるための研究が求められます。

また、基礎研究レベルではあるものの将来性ある技術として、光触媒による窒素固定化にも注目が集まっています。光触媒反応によって、大気の78％を占めている窒素を太陽光によってアンモニアなどへ変換する技術です。光触媒の還元反応を利用したアンモニア合成、酸化反応により硝酸塩を作り出すことができれば、肥料として活用することができます。製造プラントで一括合成しても良いですし、究極的には、肥料のように光触媒を土壌に撒いて使用することができれば夢のような技術となります。土壌に撒かれた光触媒が大気中の窒素を原料に太陽光によってその場で肥料を作り出す、また、無機材料である光触媒は消費されることなく絶え間なく肥料を作り続けることができる、このような技術は作業コストと農資源の節約につながる近未来の技術となるかもしれません。さらに、土壌に撒かれた光触媒では、土壌に含まれた有機物や微生物を光触媒反応で分解し、アミノ酸などの肥料を作り出すことができるかもしれません。または、有機物を完全に分解することで、$CO_2$ を放出し、光合成反応を促進させることにもつながるかもしれません。このような目的に応じた活性を示す光触媒材料の研究開発が進むと共に、光触媒の使い方に関する開発も必要となるでしょう。光触媒で培地をフィルターのように成型し、そこで植物を育成する農業システムを考案するなど、光触媒を使った次世代スマート農業への開拓が望まれます（図12-2 c）。

chapter 12-3

# 医療分野への応用

壁に光触媒タイルを使用している手術室のように、感染防止が求められている病院や福祉施設のあらゆるエリアに光触媒が応用されていくことが予想されます。

また、医療機器への応用では、光触媒の超親水性を利用した内視鏡カメラの防曇レンズ、超親水性を活用した摩擦係数の小さいカテーテルや注射器などへの応用研究も進められています。さらに、殺菌効果を期待したカテーテルへの適用も検討されています。

細菌やウイルス以外に、がん細胞も光触媒によって死滅することがわかっています。その一例として、典型的な発がん細胞（ヒーラ細胞）に対する光触媒による殺細胞効果を図 12-3 に示します。この結果は、光触媒を活用したがんの光化学療法の開発へと役立つと期待できます。

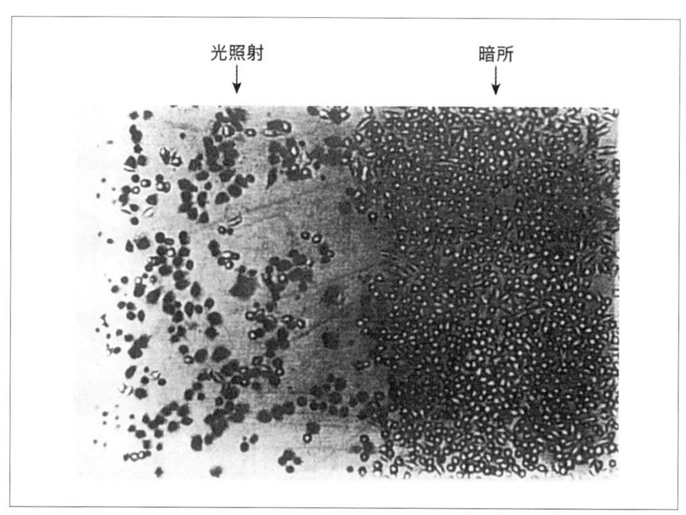


**図 12-3　典型的ながん細胞（ヒーラ細胞）に対する光触媒による殺細胞効果**

さらに最近では、放射線に対して活性のある光触媒ナノ粒子の研究も報告されています。従前のように光に応答する光触媒とは異なり、X線によって活性酸素種を生成できる光触媒であれば、体内の深部臓器でのがん細胞に対しても治療効果が見込まれます。がん細胞を特異的に認識し、その患部へ光触媒を導入させ、放射線照射による新しい治療法の開発への実現が期待されます（図12-4）。（The Micrometrics No. 60（2017）13-19）

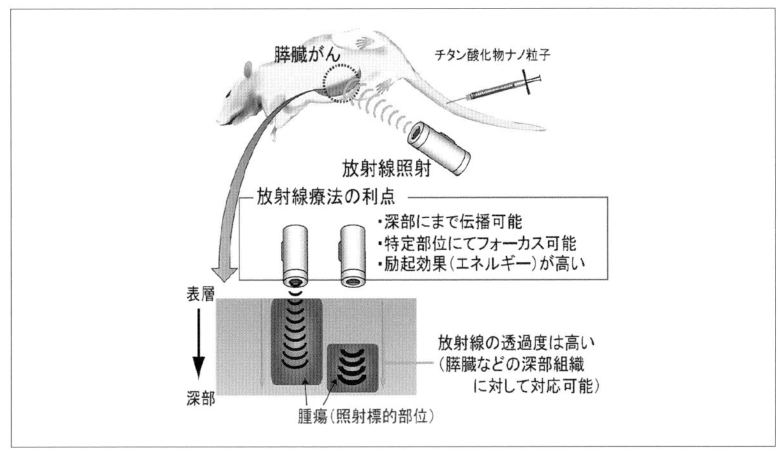


**図12-4　過酸化チタン／放射線併用治療の提案効果**

また、これからの時代は「予防こそが最大の治療」になるといわれています。「手足口病」をご存知でしょうか。これは乳幼児を中心に夏場に流行する病気で、エンテロウイルスなどが原因の感染症です。図12-5のように、口の中や手、足に出る発疹がおもな症状ですが、まれに髄膜炎などの合併症を引き起こすことがあります。手足口病は、くしゃみなどの飛沫や便を介して感染するため、保育施設などで集団感染を起こしやすい病気です。予防には、手洗いの励行などが基本ですが、乳幼児の身近にあるオモチャや絵本、タオルなどを光触媒でコーティングすることによって、予防効果があると考えています。

具体的にひとつの感染症にターゲットを絞り込んで、効果的な光触媒予防法を確立することで、やがて他の感染症へも応用可能な知見が得られるでしょう。

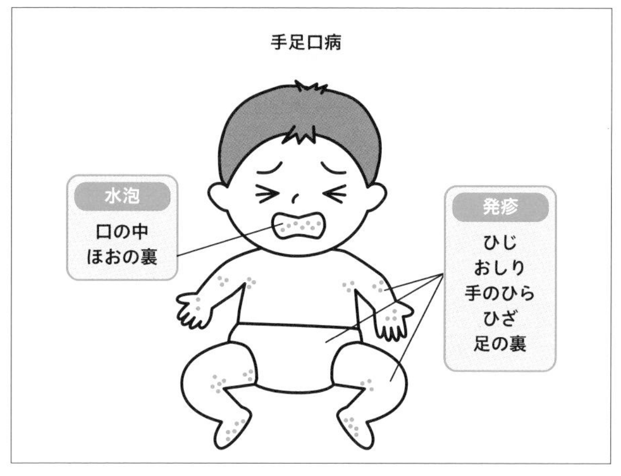


**図 12-5 「手足口病」の発症する箇所**

出典：藤嶋昭著『第一人者が明かす光触媒のすべて』（ダイヤモンド社、2017 年）

予防医学の観点で歯科領域への光触媒の適用も活発に検討されています。歯科への応用では、酸化チタン光触媒と青色 LED によるホワイトニングが既に実用化され、歯を白くするために使われています（図 12-6）。今後は、インプラント（人工歯根）や義歯洗浄剤、あるいは義歯そのものへの応用、さらには歯周病などの口腔ケアによる感染症予防への

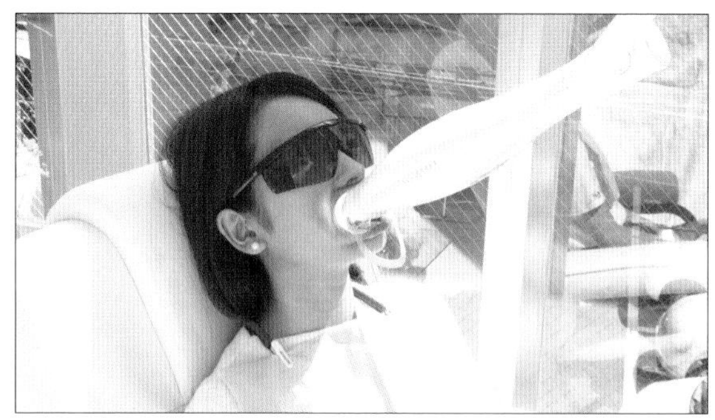

**図 12-6 ホワイトニングサービスの一例（株式会社シャリオン社製）**

取り組みが期待されます。また、歯科医院では、治療のために口を開けざる負えません。つまり、新型コロナウイルスなどが蔓延しているときなど、感染リスクが高まる環境で注意が必要です。虫歯などを削り取るタービンという機械を使うときも、水を噴射して使いますし、治療の合間や最後にうがいを行いますが、何かと水を使う機会が多いです。次亜塩素酸水やオゾン水を使っている医院もありますが、光触媒式小型水処理装置が開発されれば、衛生的な清浄な水を安く手軽に提供できるでしょう。ここでも小規模の水処理への光触媒応用が期待されています。

chapter 12-4

# 世界遺産を守るために

日光東照宮とは、世界文化遺産に登録されている江戸時代の木造建造物であり、漆や緻密な極彩色の彫刻によって加飾が施されています。しかしながら漆材が紫外線照射によって劣化し退色することや、また、顔料粒子を混入する際に用いる膠着材にカビが生えてしまうといった問題を抱えています（図12-7）。

ちょうどよいことに酸化チタン光触媒は紫外線を吸収して光触媒効果を発現することができます。うまく漆塗りを施した木材の表面に光触媒をコーティングする技術が確立できれば、紫外線による退色を防ぎつつ、カビ防止にも役立つでしょう。

漆の塗膜には特有の優美な美観があり、日本各地で伝統工芸として高級食器や家具、楽器などが作られています。また、漆器は欧米では「japan」と呼ばれるほど、日本オリジナルの工芸品として認識されています。漆の美観を損ねることなく、漆上に透明な光触媒を成膜できれば、日光東照宮のような世界遺産の保護だけではなく、ジャパンオリジナルの漆器が生まれることが期待されます。

後述するように欧州の事例を見ても、光触媒のセルフクリーニング機能による美観維持だけではなく、光触媒の付与による公害防止や抗菌・抗カビ効果のあるセルフクリーニング材料によって、世界文化遺産の保護など新規の商業利用への活路が見出されることでしょう。

**図 12-7 「日光東照宮のカビが発生している装飾**

chapter 12-5

# 安全安心で快適な住環境

人々が暮らす日常の環境に光触媒が取り入れられるには室内などでも使えるようにしなければなりません。そのため21世紀に入り、可視光にも応答する高感度光触媒の開発がさかんになってきました。

量子力学的な計算から、酸化チタン結晶中の酸素の一部を、酸素と同じようにアニオン（負イオン）になりやすい他の元素で置き換えると、可視光に応答することがわかりました。

窒素や硫黄、炭素などの元素が候補となり、それらを添加することで可視光に応答する光触媒材料が生まれてきました。

また、酸化チタン以外にも、タンタルの化合物であるタンタルオキシナイトライド系や、酸化タングステン（$WO_3$）、酸化チタンと$WO_3$の複合化など、様々な可能性が試されています。

$WO_3$に光触媒活性があることは以前から知られていましたが、十分な感度が得られず実用化には至っていませんでした。

しかし、最近になって東芝などが結晶構造を調整して電荷の分離効率を上げたり、粒子径を小さくして対象物質との接触面積を増やすなどの工夫によって、高感度化、可視光化を達成し、急速に実用化が進み始めました。

図12-8は、酸化チタンや$WO_3$光触媒が蛍光灯や白色LEDの波長領域で応答する範囲を示しています。普及が進んでいる白色LEDに含まれる光にも$WO_3$であれば応答が期待できます。そこで、$WO_3$を繊維に練り込んだり、コーティングしたりして、いろいろな材料に導入されつつあり、ホテルや病院、介護施設、保育園、自動車の内装などへ導入が広がっています。

さらに光触媒は、人類が宇宙で滞在するための浄化技術としても高く期待されています。国際宇宙ステーションや宇宙船内には、ニオイの問題があります。「体育会系の部屋のニオイ」と表現した宇宙飛行士もいたそうですが、宇宙での長期滞在を考えると、居住空間の空気浄化は、宇宙飛行士の心身の健康にも影響を及ぼすと考えられます。

火星への有人探査、国際宇宙ステーションでの研究などの長期滞在ミッションを視野に入れ、宇宙船内を効率的に消臭、殺菌できる光触媒技術の開発が必要です。向井千秋宇宙飛行士（東京理科大学特任副学長）は、光触媒の宇宙居住空間への導入に強い関心をいだいています。



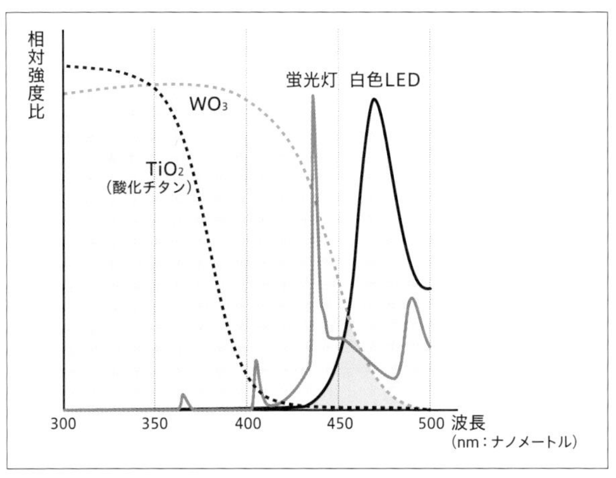


**図 12-8　酸化タングステン（$WO_3$）が吸収できる可視光領域と白色 LED のスペクトル分布**

出典：藤嶋昭著『第一人者が明かす光触媒のすべて』（ダイヤモンド社、2017 年）

chapter 12-6

# 人工光合成の研究動向

光触媒を用いて水から水素などのソーラー燃料、または、二酸化炭素からメタノールなどのソーラーケミカルを作り出す人工光合成の研究が活発に行われています（詳細は第11章参照）。

この人工光合成は「ホンダ・フジシマ効果」の発見が契機となり半世紀以上にわたって今もなお活発に、むしろ、昨今の環境・エネルギー問題から更に研究が推進されています。図12-9は1972年の『Nature』論文の被引用数を示したものです。2000年前半から徐々に増え始め、2010年頃からは急激に増加し、ここ数年においてもなお増加傾向にあります。ちなみに、著者代表の藤嶋は、このNature論文の高引用件数によって2012年、「トムソン・ロイター引用栄誉賞」を受賞することができました。

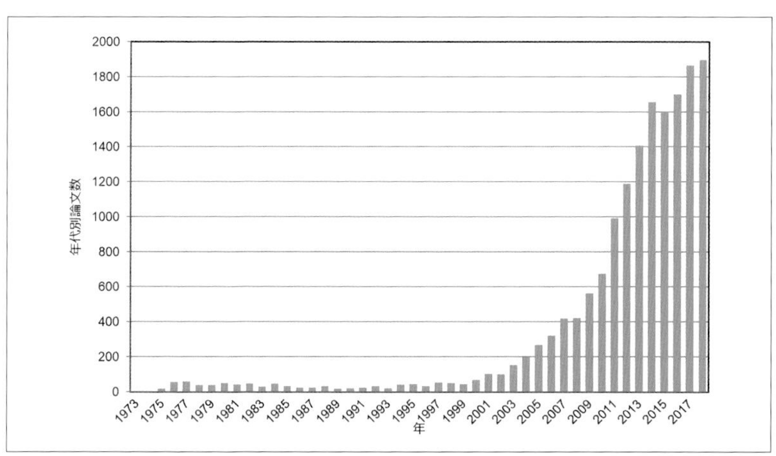


**図12-9　A. Fujishima and K. Honda, Nature, 238（1972）37 の被引用数の推移**

「ホンダ・フジシマ効果」は、光エネルギーで水を分解し、酸素と水素を取り出すことを示した点において画期的な発見でした。ところが、酸化チタンが近紫外線しか吸収できないことから、太陽光を用いて効率的な水素を発生させることには限界があります。近年では、酸化チタンを修飾したり、他の金属酸化物や金属窒化物などを用いたりして、太陽光に含まれる可視光も利用できるような光触媒系の探索が世界中で行われるようになりました。

例えば、現在は米ハーバード大学のダニエル・ノセラ教授が開発した人工の葉は、太陽光で水を分解して水素を取り出すことができます。両面に触媒を付けたシリコン製太陽電池で、半導体シリコンの片面にコバルトなどを素材とした触媒、もう片方にニッケル・モリブデン・亜鉛の合金触媒をコーティングしています。実用化には、効率化と同時にコストや耐久性といった問題もあります。

金属酸化物材料は、比較的簡単に大量に合成できるため、安価に広大な面積に展開することができ、実用化には有利な材料と考えられています。半導体材料以外にも、金属錯体や金属錯体との複合材料を用いた研究も精力的に行われています。

このように材料としては優れている金属酸化物であっても、効率の面においては太陽光の吸収が不十分で課題がありました。この問題を解決する糸口として、約 500 nm までの光に応答し、水を完全分解できる材料が報告されています。例えば、金属オキシナイトライドと呼ばれる化合物群の光触媒系です。これらは、1 種類の光触媒であることから、単一粒子型光触媒と呼ばれています。

一方、これに対して、2 種類の光触媒を組み合わせるタイプの材料は、Z スキーム型光触媒と呼ばれています。すでに図 11-8 に示したように、エネルギーの低い光でも吸収できる水素生成光触媒粒子と酸素生成光触媒粒子、そして両粒子の間で電子のやりとりを行う電子伝達系で構成されています。光励起した電子の流れが Z の字のようになっていることから、Z スキーム型光触媒と名付けられています。この仕組みによって、長波長側の可視光を利用した水分解が可能となりました。

Ｚスキーム型光触媒の実用化を視野に入れ、シート状に固定化する試みがあります（図 12-10）。非常に簡単な構造で大面積化と低コスト化に適しており、安価な水素を大規模に供給できる可能性があります。

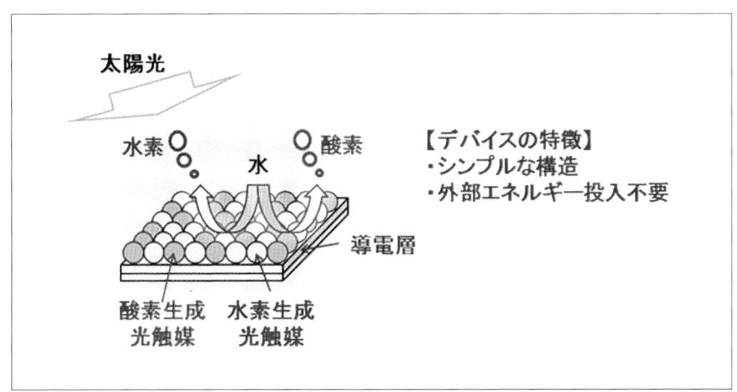


**図 12-10　混合粉末型光触媒シートによる水分解の概念図**

このような光触媒をシート状に固定して実用化を見据えた研究成果は、国内大手メーカーや研究所の皆さんが多数集まって組織した人工光合成化学プロセス技術研究組合（ARPChem：アープケム）から報告されています。国の支援も受けながら大型の研究開発が続けられており、この分野における日本の活躍にはめざましいものがあります。

現在、新エネルギー・産業技術総合開発機構（NEDO）のプロジェクトで、同時に開発している分離膜開発や合成触媒開発と組み合わせ、太陽エネルギーを利用して光触媒によって水から得られるクリーンな水素と、二酸化炭素を原料にしたオレフィンなどの基幹物質製造プロセスの基盤技術開発が進んでいます。

人工光合成を実用化するには、太陽光水素変換効率（STH）が 10％に達成することが目標となっています。図 12-10 に示した結果では、2016 年当時で 1.1％ほどでしたが、近年の研究レベルではそれ以上の値をたたき出す結果も報告されています。一方、太陽電池と水の電気分解セルを組み合わせたハイブリッド系では、10％を超える系も多数報告され、20％を超える結果も報告されています。もちろん、実用化にはコストの問題があり、効率、コスト、耐久性を総合して性能を凌駕するブレークスルーが待ち望まれています。

その他の動向として、火力発電所などで発生する二酸化炭素を光触媒によって還元し、有用な化学原料や燃料に変換しようとする、カーボンリサイクル研究が加速化しています（図 12-11）。植物の光合成効率を数値化するのは非常に難しいのですが、一般的な植物では 0.2% 程度と見積もられています。このように、二酸化炭素の直接的な変換効率は STH に比しても非常に困難でチャレンジングなテーマですが、資源・エネルギー・環境問題を解くカギが人工光合成にあることは間違いなく、それには若い世代の研究者、そして、多種多様な技術群からの参入を促していく仕組み作りも重要なのです。

わたしたちが自然界から学ぶべきは、目先の効率のみにフォーカスするのではなく、全体を俯瞰して最適解を見出していく総合力と考えています。

（寺島千晶）

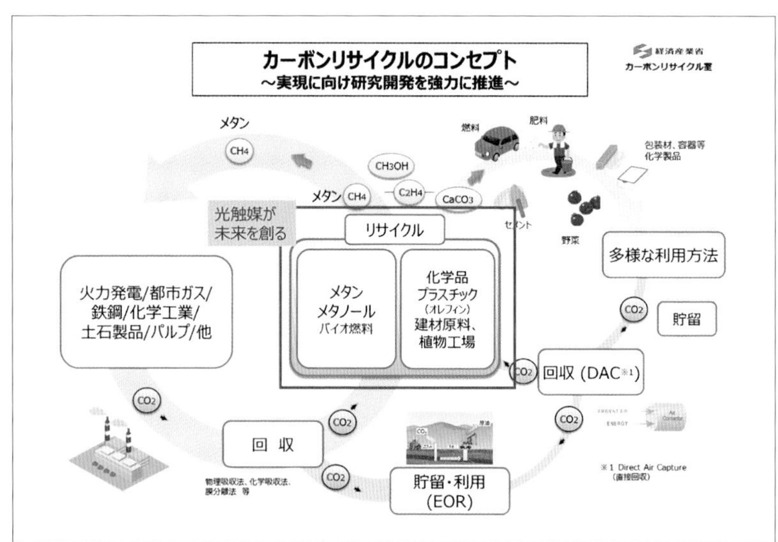


図 12-11　加速するカーボンリサイクル研究

# 第13章
# 光触媒ミュージアム

chapter 13

# 光触媒ミュージアム

地方独立行政法人神奈川県立産業技術総合研究所（KISTEC、旧公益財団法人神奈川科学技術アカデミー）では、「光触媒」を身近な技術として正しく知ってもらうことを願って、2004年7月に日本で唯一の光触媒技術の展示施設である「光触媒ミュージアム」を開設しました。

光触媒ミュージアムでは、光触媒の原理である「ホンダ・フジシマ効果」を再現したデモ装置があります。酸化チタン電極の表面に光（紫外線）が当たることで、その表面から酸素が、また対極の白金電極から水素が実際に発生している様子を見ることができます。

また原理の説明パネルなどを展示し、光触媒について分かりやすく説明しています。入館時にお声がけいただければ、ご希望の時間に応じて受付の職員が説明をしながらご案内しております。

また、光触媒製品を扱うメーカーや商社、企業団体などの運営協力機

光触媒ミュージアム入り口

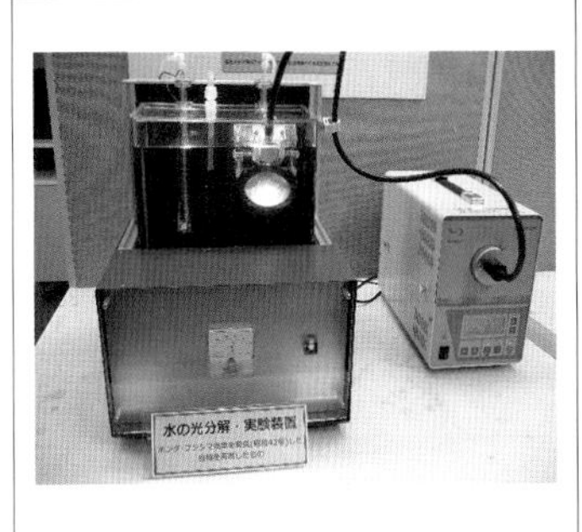

↑白金から水素が発生　↑酸化チタンから酸素が発生

「ホンダ・フジシマ効果」装置

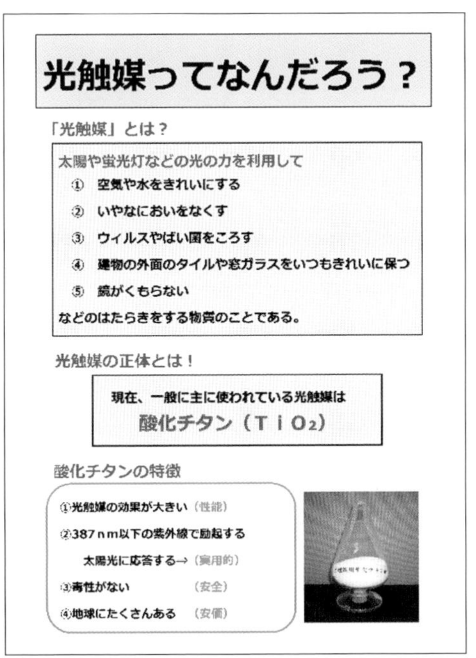


説明用パネルの例

関により、実際の光触媒製品を置くことで、市場での普及状況、用途などを紹介しています。展示品例として、コーティング剤、内外装材（タイル等）、屋外製品（テント）、空気浄化フィルター、空気清浄機などがあります。

光触媒付きテント

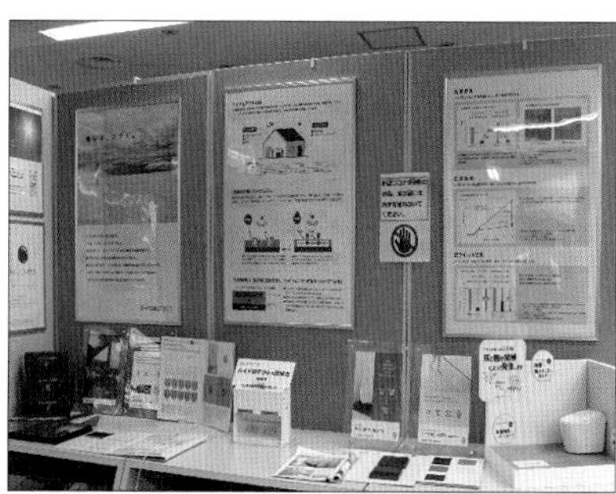

内外装材（タイル等）

光触媒付き外壁による汚れ落とし実験装置

コーティング剤を実際に塗布する藤嶋館長

光触媒ミュージアムでは、新たに光触媒技術を自社製品に活用するため、情報収集を行いたい、適切な素材や材料を提供してくれるパートナーを探したいといったビジネス目的のご来館者向けに、関係のパンフレットを見やすい場所に集めて展示したり、運営協力機関への取次も行っております。また運営協力機関は、お取引先企業様を同行してのご見学や、

小学校３年生の団体見学の様子　　絵本コーナー

パンフレット

商談スペース

光触媒ミュージアム内の商談スペースを無料でご利用いただくことも可能です。

また、光触媒ミュージアムは地域の方々にも、光触媒技術や理科一般にご興味・ご関心を持っていただきたいと考え、子ども向けの実験教室の実施や地元の理科教員の研修への協力、団体見学等にも取り組んでいます。光触媒ミュージアムの入り口には、大人向けの専門書の他に、藤嶋先生をはじめ、関係各所から寄贈を受けた絵本・児童書など、約600冊が閲覧可能な絵本コーナーを併設しております。気軽に絵本を読むように、身近なものから科学と触れ合える場として、幅広い世代の皆さんに、科学について興味を持っていただくよう努めています。

これまでに小さなお子様から大人、専門家まで多くの方にご来館いただき、開設時からの来館者総数は11万人を超えました（2020年12月現在）。年間の来場者数は4000～5000人程度、また団体見学として、化学・電気機器・住宅建材・鉄工・その他の製造業など企業の方、米国・中国・韓国・インド・ドイツ・オーストラリアなど海外の方、大学・工業高校・中学校・小学校など学生の方、行政関係者・市民団体の方などにお越しいただきました（2019年度実績）。

これからも、健全な光触媒産業の発展に貢献するとともに、多くの方が科学を楽しめる場となるよう目指していきます。

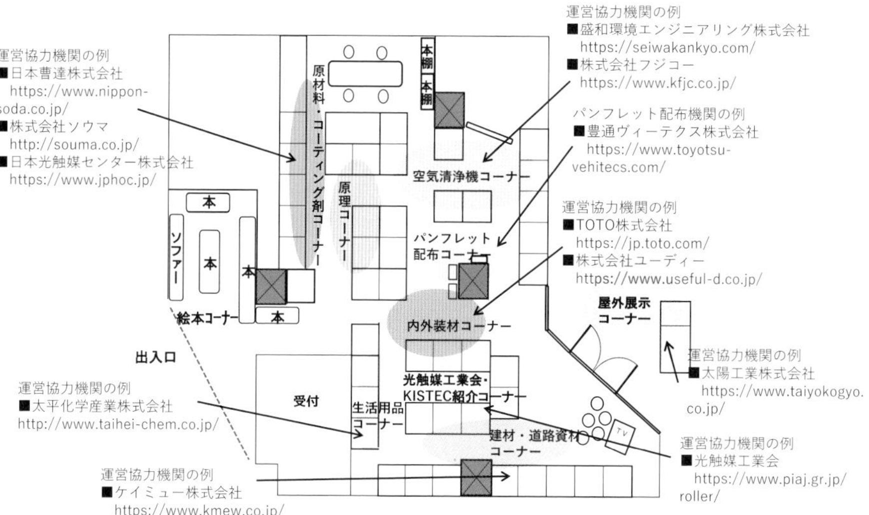


## ● 光触媒ミュージアム

〒213-0012 神奈川県川崎市高津区坂戸3-2-1
かながわサイエンスパーク（KSP）西棟1階
地方独立行政法人 神奈川県立産業技術総合研究所（KISTEC）

※新型コロナウイルス感染症対策により、団体見学の人数、書籍一覧や一部デモ実験等を制限させていただいております。今後の状況に応じて、ご利用いただけるサービスを変更させていただきます。

（青木智子・鶴見桃子）

# 第14章 光触媒の普及のために

光触媒工業会

光触媒工業会正会員一覧

鹿児島県光触媒施工協会について

鹿児島県光触媒施工協会　会員一覧表

chapter 14-1

# 光触媒工業会

## 光触媒工業会とは

酸化チタン光触媒は、防汚、防曇、抗菌、空気浄化、水浄化など多方面の用途で注目を集め、大学、各種研究機関及び民間企業で活発な研究開発が行われています。またその技術を応用した製品も、生活、建築、土木の各分野に投入され始め、将来の大幅な市場拡大が予測され、また期待されています。しかし一方では、光触媒材料及びそれを応用した製品に関し、品質・性能の一層の向上と標準化が求められております。このような背景のもと

- 光触媒材料および製品を製造・販売する多方面の民間企業の参画を募り、
- 生活、建築、土木分野での光触媒製品のユーザー企業および関係省庁・機関の賛同参画を得て使用者の意見、要望を反映した市場の問題を正確に捉え、
- 光機能材料研究会等の協力を得ながら、上記問題解決の為の諸活動を行い、
- 光触媒製品の健全な市場形成と普及をめざし、

光触媒工業会は設立されています。

## 設立の目的

光触媒技術の応用と拡大と認知活動を通じて製品の普及を図り、技術の向上と高品質な製品の供給による健全な市場形成を促すことにより関連産業の発展と国民生活の向上に寄与することを目的としています。

## 活動内容

- 光触媒製品の標準化及び規格化の推進。
- 光触媒製品の品質・性能及び安全性向上の推進とそれに伴う製品性能表示の推進。
- 光触媒製品の市場認知の推進。
- 光触媒技術の応用拡大及び普及の推進。
- 光触媒に関する関連機関、諸団体との交流及び協力。
- 消費者団体との連携。
- 1号から4号までに関する調査、研究、広報及び公演会、研修会の開催。
- 前各号に掲げるもののほか、光触媒工業会目的達成に必要な事業。

## ロゴマーク

光触媒工業会のロゴマークは、水をイメージしたブルーからグリーンに変化する波紋に、太陽の光をイメージしたアクセントカラー・イエローオレンジを配して、光触媒作用と環境の浄化を表現したものです（図 14-1）。

**図 14-1**
**光触媒工業会のロゴマーク**

このロゴマークは、工業会が発行する文書などに使用したり、あるいは会員企業が工業会会員である事を示すために使用します。このロゴマークは、個別の商品が工業会から何らかの認定を受けたことを示すものではありません。工業会ではロゴマーク使用基準を定めて、一般消費者が誤解を招くような使用方法を禁止しています。

## PIAJ マーク

PIAJ マークは（図 14-2）、光触媒工業会が、性能、利用方法等が適切であることを認めた光触媒製品に与える認証マークです。光触媒工業会では光触媒性能を測る物差しとして JIS 試験方法を採用し、多角的な実証、考察を加え一定の性能基準を設けています。更に、この性能基準に対する消費者、行政からの意見を反映し基準が制定されました。PIAJ マークはこのようにして定められた性能基準を満足した光触媒製品に与えられるものです。現在は日本国内で製品化した製品に与えられますが、将来的にはアジア、そして全世界でも通用するマークに成長することが期待されます。なお、PIAJ 認証マークは光触媒の発現する性能と安全性を認めた証であり、光触媒以外の性能や安全性を保証するものではありません。

図 14-2　PIAJ マーク

## 光触媒性能判定基準

光触媒工業会が、性能、利用方法等が適切であることを認めた光触媒製品に PIAJ マークを与える製品認証において、対象となる製品は、JIS 試験方法による性能評価において、一定の性能基準を満足する必要があります。光触媒工業会が製品認証を行っている光触媒の各機能における性能判定基準や試験方法については、光触媒工業会のホームページで閲覧することが可能です。

## 光触媒工業会 HP

光触媒工業会のホームページには、本書で説明したような工業会の設立目的や活動内容などの他に、光触媒の原理や用語解説などの入門的な情報から性能評価方法や推奨試験機関などの開発者向けの情報まで幅広く揃っています。また、特色ある点として、107 社に及ぶ正会員 (2021 年 1 月 7 日現在、本章の付表) の情報とその登録されている製品情報を検索・閲覧することができます。それに加えて、PIAJ マークを取得している製品をキーワードや機能別で検索でき、その性能や試験方法などの情報を閲覧することができます。このように光触媒工業会 HP では消費者から開発者まで全ての光触媒ユーザーの役に立つ情報が随時更新、掲載されています。また、製品や試験の推奨機関などの情報は、本書の 3 章、6 章、8 章にも付表としてまとめられています。

光 触 媒 工 業 会　https://www.piaj.gr.jp/roller/　QR コード

光触媒工業会
Photocatalysis Industry Association of Japan

## 光触媒工業会正会員一覧

2021年1月7日現在

光触媒工業会ホームページより。https://www.piaj.gr.jp/member/memberList.html

| 正会員一覧(あ行) | |
|---|---|
| 赤松技研株式会社 | http://www.akamatsuecotech.com/index.html |
| 株式会社浅川環境技研 | https://asakawa-kankyo.com |
| 旭化成株式会社 | http://www.asahi-kasei.co.jp/asahi/jp/ |
| アスカテック株式会社 | http://www.asukatec.co.jp |
| アツギ株式会社 | http://www.atsugi.co.jp/ |
| 株式会社アデランス | https://www.aderans.co.jp/ |
| 株式会社アリエル | https://www.arielcoat.net |
| 株式会社アートクリエイション | http://artc.co.jp/ |
| 石原産業株式会社 | http://www.iskweb.co.jp/ |
| 株式会社イリス | http://www.iris-hs.jp/ |
| エア・ウォーター株式会社 | http://www.awi.co.jp/ |
| 株式会社A. G. T | http://www.agtcoat.jp/ |
| エイチ・エム エンジニアーズ株式会社 | http://www.hme.co.jp |
| 株式会社エコート | https://www.miracletitan.jp/ |
| 株式会社エスグロー | http://airleaf.jp/ |
| NECフィールディング株式会社 | https://solution.fielding.co.jp/photocatalyst/ |
| 株式会社エムエージャパン | https://peraichi.com/landing_pages/view/s2y2t |
| オキツモ株式会社 | http://www.okitsumo.co.jp |
| 株式会社オペス | http://opeth.co.jp/ |
| 株式会社エコテック | http://www.ecotec-g.co.jp |
| 株式会社NPコーポレーション | http://hikarisyokubai.net/ |

| 正会員一覧(か行) | |
|---|---|
| 株式会社カタライズ | http://www.cata-rise.co.jp |
| 株式会社キャンディル | http://www.candeal.co.jp/ |
| 株式会社COLOR | https://www.uv-colors.jp |
| カルテック株式会社 | http://www.kaltec.co.jp/ |
| 川崎重工業株式会社(川重商事株式会社) | http://www.khi.co.jp/ |
| カワモリ産業株式会社 | http://www.kawamori.co.jp |
| 株式会社ガイア | http://gaea-hikari.com/ |
| 清原株式会社 | https://www.kiyohara.co.jp/ |
| 株式会社クレド・ジャパン | http://photocatalytic-japan.com/ |
| グッドホーム株式会社 | http://www.goodhome-web.com/ |
| ケイミュー株式会社 | http://www.kmew.co.jp/ |

| | |
|---|---|
| 株式会社ケミカルテクノロジー | http://www.chemical-tech.net/ |
| 玄々化学工業株式会社 | http://www.gen2.co.jp/ |
| 株式会社宏友 | http://www.panaferica-koyu.jp/ |
| 光陽エンジニアリング株式会社 | http://www.koyonet.com |
| 五大化成株式会社 | http://www.godai-inc.co.jp/godai_chemicals.html |
| 株式会社 木下抗菌サービス | https://www.kinoshita-kokin.com |
| Clean Express株式会社 | https://www.noritz-procoat.com/ |

| 正会員一覧（さ行） | |
|---|---|
| 株式会社白石 | https://shiraishi-okinawa.jp/ |
| 株式会社サム | |
| 株式会社サンタイプ | |
| 昭和セラミックス株式会社 | http://www.shocera.co.jp/ |
| 信越アステック株式会社 | http://www.shinetsu-astech.co.jp/ |
| 信越化学工業株式会社 | http://www.shinetsu.co.jp/jp/company/ |
| 株式会社ＪＰコーポレーション | http://jp-corpo.net |
| 株式会社ジャパンアート | http://jp-art.com |
| 盛和環境エンジニアリング株式会社 | http://seiwa-inc.com/ |
| 関ヶ原石材株式会社 | http://www.sekistone.com |
| 積水ハウス株式会社 | http://www.sekisuihouse.co.jp/ |
| 株式会社セブンケミカル | http://www.seven-chemical.co.jp/ |
| 株式会社ソウマ | http://www.palccoat.com/ |

| 正会員一覧（た行） | |
|---|---|
| 太陽工業株式会社 | http://www.taiyokogyo.co.jp/ |
| 株式会社タカハラコーポレーション | http://www.takahara-corp.jp/ |
| 多木化学株式会社 | http://www.takichem.co.jp/ |
| ダイキン工業株式会社 | http://www.daikin.co.jp/index.html |
| 大光電機株式会社 | https://www.daiko-denki.co.jp/index.html |
| 大昭和ユニボード株式会社 | |
| 大日本印刷株式会社 | http://www.dnp.co.jp/ |
| 株式会社Danto | Tile http://www.danto.co.jp/ |
| 中央環境総設株式会社 | http://www.cks-web.co.jp/top.html |
| 中興化成工業株式会社 | http://www.chukoh.co.jp/ |
| 株式会社鶴弥 | http://www.try110.com/ |
| テイカ株式会社 | http://www.tayca.co.jp/ |
| 東邦シートフレーム株式会社 | http://www.toho-sf.co.jp/ |

| | |
|---|---|
| 東洋工業株式会社 | http://www.toyo-kogyo.co.jp |
| 東洋興商株式会社 | http://www.toyokosho.co.jp |
| 株式会社 TWO | |
| トップラン | |
| 豊田通商株式会社 | http://www.toyota-tsusho.com |
| TOTO株式会社 | http://www.toto.co.jp/products/hydro/index.htm |
| TOTOオキツモコーティングス株式会社 | http://www.toto.co.jp |

| 正会員一覧（な行） | |
|---|---|
| ナカ工業株式会社 | |
| ナガムネコーポレーション株式会社 | http://www.nagamune.co.jp/ |
| 名古屋モザイク工業株式会社 | http://www.nagoya-mosaic.co.jp/ |
| 株式会社 ナノウェイヴ | http://nanowave.org/ |
| ナノベストジャパン株式会社 | http://nanobestjapan.lsv.jp/ |
| 日光産業株式会社 | |
| 日本ナノテック株式会社 | https://n2-tec.co.jp |
| 日本アエロジル株式会社 | https://www.aerosil.com/product/aerosil/ja/ |
| 日本曹達株式会社 | http://www.nippon-soda.co.jp |
| 日本光触媒センター株式会社 | http://www.jphoc.jp/ |
| 日本ペイントホールディングス株式会社 | https://www.nipponpaint-holdings.com/index.html |

| 正会員一覧（は行） | |
|---|---|
| パナソニック株式会社 | http://panasonic.co.jp/ |
| 株式会社パルメッセ | https://www.palmesse.com/ |
| 平岡織染株式会社 | http://www.tarpo-hiraoka.com/ |
| 株式会社光触媒研究所 | http://www.photocatalyst.co.jp/ |
| 光触媒サンプレス株式会社 | http://www.ka-i-te-ki.com |
| 廣瀬又一株式会社 | http://www.mataichi.jp |
| ビイアンドビイ株式会社 | http://www.b-and-b.co.jp |
| 株式会社ピアレックス・テクノロジーズ | http://www.pialex.co.jp |
| 株式会社 PGSホーム | http://www.pgs-home.jp/ |
| 株式会社ホットフィールド | http://www.hot-field.jp |
| ポリマーホールディングス株式会社 | https://polymer-holdings.com |

| 正会員一覧（ま行） |
|---|

| | |
|---|---|
| 丸昌産業株式会社 | http://www.marusyosangyo.jp/ |
| 丸富有限会社 | http://www.titan-next21.com/ |
| みはし株式会社 | http://www.mihasi.co.jp/x/modules/mhs2/index.php?id=&ml_lang=ja |

| 正会員一覧(や行) | |
|---|---|
| 株式会社ユーディー | http://www.useful-d.co.jp/ |
| ユーヴィックス株式会社 | http://www.u-vix.com/ |

| 正会員一覧(ら行) | |
|---|---|
| 株式会社ライズクリエイト | https://rize-create.com/ |
| 株式会社LIXIL | http://www.lixil.co.jp/ |
| 株式会社リレース | https://relays.co.jp/ |
| 株式会社ルーデン・ビルマネジメント | http://www.ruden-bldg.co.jp/ |
| 株式会社レナテック | http://www.renatech.net/ |

| 正会員一覧(わ行) | |
|---|---|
| YKK AP株式会社 | http://www.ykkap.co.jp |
| 和興フィルタテクノロジー株式会社 | http://www.waftec.jp/ |
| 株式会社1Line | https://1line.co.jp |

chapter 14-2

# 鹿児島県光触媒施工協会について

光触媒を実際に施工する地方の団体があります。ここで紹介する、鹿児島県光触媒施工協会は10年以上の実績を持っています。その概要を紹介します。

抗菌・抗ウィルス効果の高い光触媒を生活空間に塗布施工することで安心・安全に寄与すると共に光触媒の普及を目的として、2009年9月に協会が発足し、積極的に光触媒コーティングを多数の企業の協力を得ながら実施しています。光触媒コーティング材料は鹿児島県内の企業の開発したもの（イーデンペイント、P117参照）を用い、また鹿児島大学の先生方の協力を得ています。

2018年10月には設立10周年の記念講演会が行なわれ、講師に著者代表藤嶋昭が務めました。この会には知事や県議会議員など150人が参加しました。

施工実施の例を示します（図14-3）。

なお現在の会員は29社で県内の各地から参加していることがわかります。（濱田健吾）

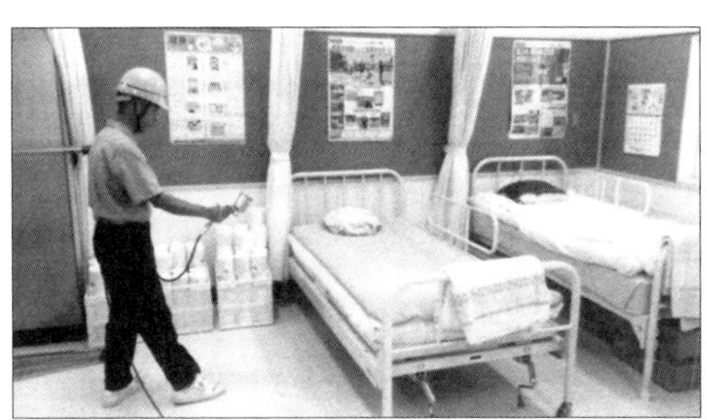

**図14-3 施行実施例**

## 鹿児島県光触媒施工協会　会員一覧表

| NO | 地区 | | 会社名 |
|---|---|---|---|
| 1 | 大隅地区 | 錦江町 | ㈱桑原組 |
| 2 | | 鹿屋市 | 国基建設㈱ |
| 3 | | 鹿屋市 | 三光建設㈱ |
| 4 | | 鹿屋市 | ㈱ロイヤルクリーン |
| 5 | | 鹿屋市 | ㈱森建設 |
| 6 | | 垂水市 | ㈱上津建設 |
| 7 | | 肝付町 | ㈱前原建設 |
| 8 | | 肝付町 | 山佐産業㈱ |
| 9 | | 南大隅町 | 成武建設㈱ |
| 10 | | 曽於市 | 川畑建設㈱ |
| 11 | | 志布志市 | 北村建設㈱ |
| 12 | 姶良・伊佐地区 | 霧島市 | 鎌田建設㈱ |
| 13 | | 霧島市 | ㈱末広 |
| 14 | | 霧島市 | 末重商事㈲ |
| 15 | | 湧水市 | ㈱平原組 |
| 16 | | 伊佐市 | ㈱中村 |
| 17 | 鹿児島地区 | 鹿児島市 | ㈱中間建設 |
| 18 | | 鹿児島市 | ㈲エコ九州 |
| 19 | | 鹿児島市 | ㈱トップライン |
| 20 | | 鹿児島市 | ㈱久永建装 |
| 21 | | 日置市 | ㈲冨ヶ原組 |
| 22 | 北薩地区 | 出水市 | 丸久建設㈱ |
| 23 | | 長島町 | ㈱長崎組 |
| 24 | | さつま町 | 薩摩建設㈱ |
| 25 | | 薩摩川内市 | 太陽建設㈱ |
| 26 | | 薩摩川内市 | 西日本緑化㈱ |
| 27 | 南薩地区 | 指宿市 | ㈱堀之内商会 |
| 28 | | 南九州市 | ㈱加覧組 |
| 29 | | 南さつま市 | 上村建設㈱ |
| 事務局 | | 鹿屋市 | ㈱鹿児島イーデン電気 |

# 第15章 中国における光触媒の空気浄化への応用例

chapter 15-1

# 中国での大気汚染に対する光触媒の応用



光触媒は、日本発の環境にやさしい技術です。1960年代の発見以来、数十年の努力の末、世界的に普及し、一大産業を形成しました。日本は、この技術の製品化と応用促進で世界をリードしてきました。そうした動きをふまえ、中国は長年にわたって光触媒の応用製品の基礎研究と開発に力を入れています。特に大気汚染問題の改善のため、道路に光触媒コーティングするなど、多くの検討をおこなっています。近年、中国でのPM2.5や酸性雨などの大気汚染問題はますます顕著になっており、人々の健康を深刻に脅かし、大気環境の安全性に影響を与えています。自動車や工場などから放出される窒素酸化物や硫黄酸化物（NOx、SOx）、ＶＯＣなどは、人間の健康を脅かす都市環境問題を引き起こすことに加え、大気汚染の主な元凶でもあります。したがって、NOx、SOxの除去は中国にとって非常に重要な課題です。

大気中のNOx、SOxを除去するには、酸化チタン（$TiO_2$）光触媒は非常に有効です。光照射下で、$TiO_2$は空気中のNOx、SOxをそれぞれ硝酸イオンと硫酸イオン（$NO_3^-$と$SO_4^{2-}$）に酸化し除去します。この方法で、工場の密集した地域や車両密度の高い閉鎖環境（地下駐車場、高速道路の料金所、サービスエリアなど）での大気汚染問題を効果的に解決できると考えられています。

ここでは、こうした中国の大気汚染問題に対する光触媒の有用性について、実証試験をおこなった例を紹介します。中国科学院理化技術研究所と瑞阜景豊技術有限公司（北京）が、2018年と2020年に北京市郊外の白馬路の近辺の道路および河北省の邢台市（鉄鋼製造工場が密集している）の周辺道路に、それぞれ光触媒コーティングを施しました（地図参照）。そして、現場の空気質を中国環境科学研究院がリアルタイムにモニタリングしました。

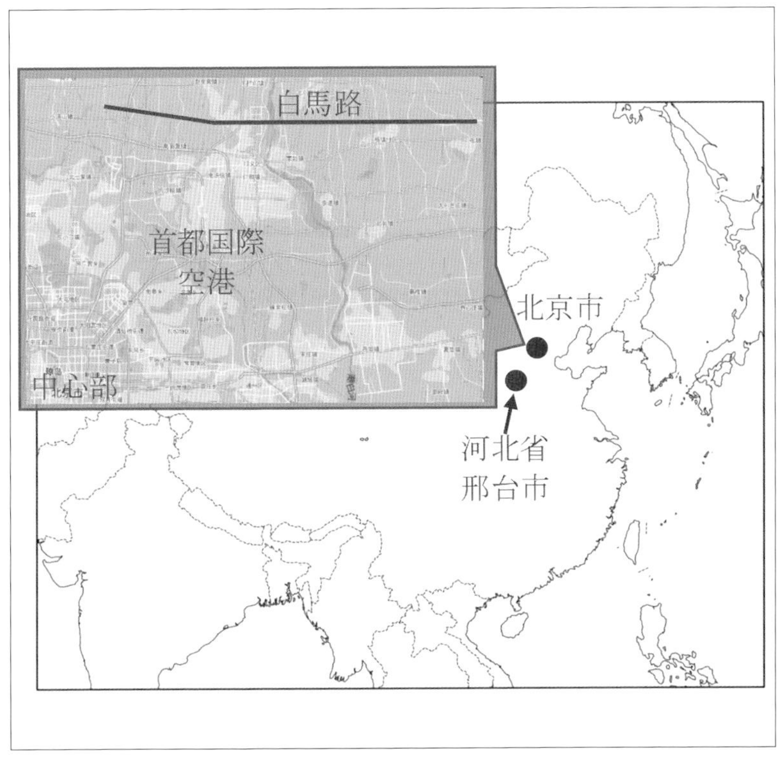

chapter 15-2

# 北京市白馬路近辺の道路における光触媒コーティングの効果



北京市の白馬路という道路区間に観測点を設け、実験を 2018 年 4 月の 4 日間および 2018 年 11 月の 4 日間の 2 回実施しました。サンプリング時の気象条件は表 15-1 に示す通りです。また、30 分間の道路の交通量をカウントした結果を表 15-2 に示します。

**表 15-1　サンプリング時の気象条件**

| 時間 | 4/23 | 4/24 | 4/25 | 4/26 | 11/14 | 11/15 | 11/16 | 11/17 |
|---|---|---|---|---|---|---|---|---|
| 気温 (℃) | 23 | 26 | 28 | 31 | 12 | 8 | 8 | 6 |
| 天気 | 曇り | 曇り | 晴れ | 晴れ | 曇り | 晴れ | 曇り | 晴れ |

**表 15-2　30 分間のサンプリング期間内に通過した車両数（台）**

| 時間 (月/日) | 4/23 | 4/24 | 4/25 | 4/26 | 11/14 | 11/15 | 11/16 | 11/17 |
|---|---|---|---|---|---|---|---|---|
| 大型車 | 115 | 168 | 175 | 135 | 133 | 128 | 155 | 142 |
| 普通車 | 404 | 345 | 358 | 435 | 397 | 432 | 428 | 412 |

2 回のサンプリング期間中はともに強風はなく、1 回目は気温が比較的高い時間帯で、2 回目は比較的低い時間帯でした。また、表 15-2 から、この道路区間の交通量は比較的安定していることがわかりました。

空気質のモニタリングには、NOx 分析計 Thermo 42 i-D（Thermo Fisher Scientific、検出下限 0.40 ppb）を使用しました（図 15-1 左）。車両通過後に、$NO_2$ 濃度の最高値を記録し、統計的に分析しました（図 15-1 右）。

$NO_2$ 濃度の変化傾向を観察するため、2 回の実験を行いました。2 回目のモニタリングでは、3 つの固定式 $NO_2$ 分析装置を用いて $NO_2$

**図 15-1　サンプリングの様子**

の濃度変化傾向を確認しながら、7つの $NO_2$ センサーを用いてオンラインモニタリングを行いました。センサーの精度は 10～20 ppb で、データのサンプリング間隔は 5 秒としました。使用前に各センサーの時刻を、誤差 2 秒以内になるよう調整しました。

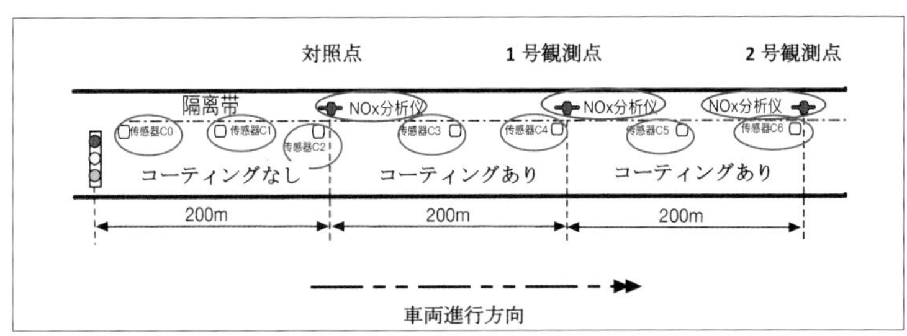


**図 15-2　実験場所の概略図**

青丸は固定式 $NO_2$ 分析装置（3か所）、赤丸は $NO_2$ センサー（C0～C6の7か所）

図 15-2 に、実験場所の概略図を示しました。光触媒をコーティングした路面とコーティングしていない路面とで、それぞれ NOx 濃度を測定し、比較しました。C0～C6 の 7 か所の $NO_2$ センサーの測定結果を図 15-3 に示します。

図 15-3 および図 15-2 から、車両進行方向に沿って C0<C1<C2 と濃度が高くなっていることが分かります。一方、光触媒コーティング

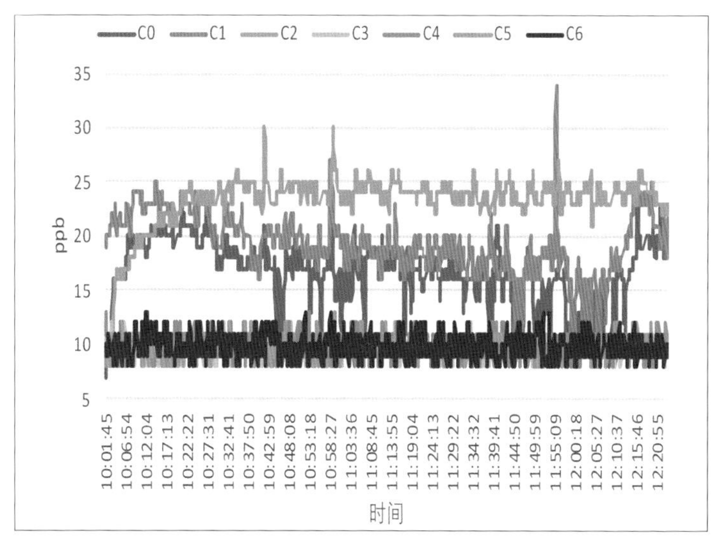


**図 15-3　C0～C6 の 7 か所の $NO_2$ センサーで測定した $NO_2$ 濃度の時間変化**

**表 15-3　各センサーの $NO_2$ 濃度測定値の平均値（ppb）**

| 光触媒コーティングなし | | | 光触媒コーティングあり | | | |
|---|---|---|---|---|---|---|
| C0 | C1 | C2 | C3 | C4 | C5 | C6 |
| 16.5 ± 3.3 | 19.3 ± 2.9 | 23.2 ± 2.5 | 9.7 ± 0.8 | 9.8 ± 1.0 | 9.7 ± 0.9 | 9.9 ± 1.1 |

$$分解率(\%) = \frac{[NO_2濃度]_{コーティングなし} - [NO_2濃度]_{コーティングあり}}{[NO_2濃度]_{コーティングなし}} \times 100$$

**表 15-4　2 回の実験での $NO_2$ の平均分解率**

| | 分解率 1 | 分解率 2 | 平均値 |
|---|---|---|---|
| 第 1 回 | 14.2% | 17.4% | 15.8% |
| 第 2 回 | 12.8% | 14.5% | 13.7% |

された区間 C3～C6 では濃度は大幅に低下し、8～13ppb を維持しています。それぞれのセンサーの測定値の平均を表 15-3 に示します。

2 回の実験での測定結果を上記の式に代入し、それぞれ $NO_2$ 分解率を計算して、表 15-4 にまとめました。

これらの結果から、道路に光触媒コーティングすることで、自動車排ガス中の$NO_2$を分解でき、大気中の$NO_2$濃度を低下させられることがわかりました。

chapter 15-3

# 河北省邢台市近辺の道路における光触媒コーティングの効果

河北省邢台市は河北省の中央南部に位置し、多くの発電所や製鉄所に囲まれており、他の地域の浮遊汚染物質の影響に加えて、空気汚染のランキングは長年にわたって最下位に位置しています。

2020年8月に、最も汚染されたエリアである達活泉周辺の15本の道路を光触媒コーティングして実証試験が行われました。施工部分の長さは約25キロメートルで、施工面積は428,000平方メートルでした。光触媒コーティング前の5月からの$SO_2$、$NO_2$の濃度変化を、前年（2019）の同時期のデータと比較した結果を図15-4に示します。

図15-4より、2019年8月と比較すると、2020年8月の光触媒施工後は、$SO_2$と$NO_2$の改善度が55%と52.8%に達しています。2020年のデータは、新型コロナウィルスの感染拡大が原因で、各工場が生産を停止したことによる$SO_2$と$NO_2$の排出量の低減も影響していることが考えられますが、施工前の2020年7月の$SO_2$・$NO_2$濃度と、施工後の8月の濃度とを比較すると、有意な低減効果があると言えます。

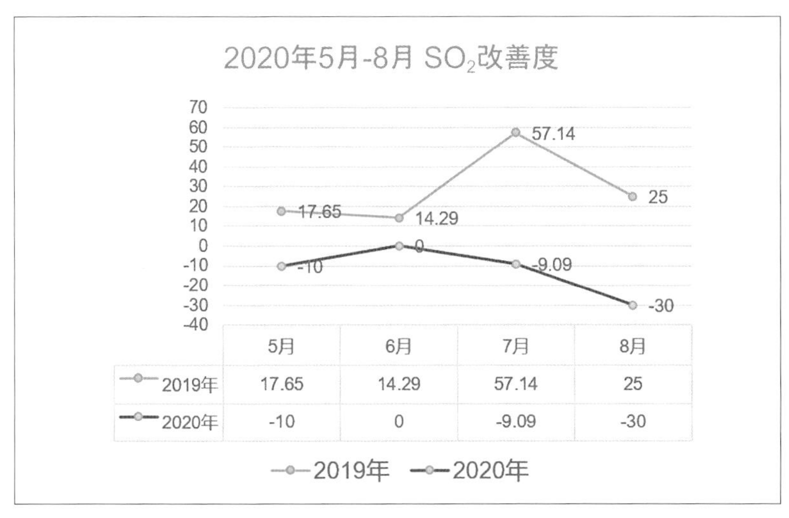


|  | 5月 | 6月 | 7月 | 8月 |
|---|---|---|---|---|
| 2019年 | 17.65 | 14.29 | 57.14 | 25 |
| 2020年 | -10 | 0 | -9.09 | -30 |

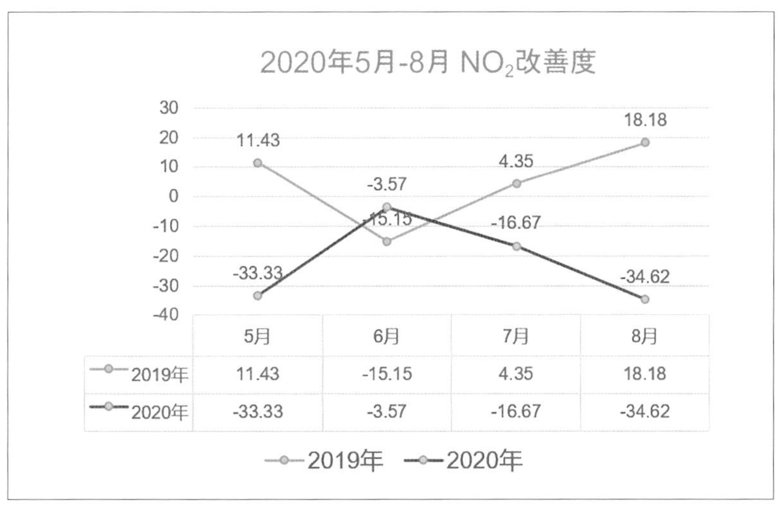


|  | 5月 | 6月 | 7月 | 8月 |
|---|---|---|---|---|
| 2019年 | 11.43 | -15.15 | 4.35 | 18.18 |
| 2020年 | -33.33 | -3.57 | -16.67 | -34.62 |

**図 15-4　光触媒コーティング前後の $SO_2$、 $NO_2$ の濃度変化**

chapter 15-4

# まとめ

光触媒コーティングを施した道路は、自動車排気ガス中の $NO_2$ や、工場周辺の $NO_2$ および $SO_2$ の低減効果があると確認できました。これまで中国では、酸化チタン光触媒コーティングによる $NO_2$、$SO_2$ の分解試験は、小規模試験またはパイロット試験用の反応器で実施されていました。今回の実証実験では、光触媒コーティング剤を道路に直接スプレーして、その効果を検証することができました。さらに将来、より広い領域で使用した場合の詳細なデータを取得する計画があります。

研究が進むにつれて、高効率で高性能な光触媒材料が数多く開発されており、その結果、性能の優れた材料が市場に出回ってきています。この材料を都市にある建物の表面に使用すれば、自動車排ガスや NOx などを排出する工場周辺の汚染物質を効果的に分解できます。近い将来、NOx 等による二次光化学汚染を抑制し、大気汚染防止の分野で光触媒が活躍することが期待されています。

（只　金芳）

【参考1】

●中国感光学会光触媒専業委員会について

中国の光触媒材料および工業に関する組織として、中国感光学会光触媒専業委員会があります。主な活動内容は次の通りです。

(1) 会員体制管理により光触媒材料に関する規格化の共同推進を行う。

(2) 光触媒業界の標準制定作業を組織的に推進し業界発展の基礎を固める。

(3) 産業界、学者、研究者間の交流の場を作り、業界情報の交流を促進する。

(4) 国際的な交流、提携を作り上げ、国内外企業に中国市場に関する調査研究資料を提供する。

(5) 業界の広報を盛んにし、情報提供を行って光触媒材料の普及活動を推進する。

光触媒材料業界の各国の専門家や団体が加盟しています。ともに活動し、業界を発展させる仲間を心から歓迎いたします。

●中国感光学会光触媒専業委員会企業会員リスト

| | | |
|---|---|---|
| 株式会社凱特莱芝 (CATARISE CORPORATION) | hayakawa.o@cata-rise.co.jp | |
| 东陶(中国)有限公司 | zangyao@toto.com.cn,Wuzhaohui@toto.com.cn,fanchunsheng@toto.com.cn | 北京市朝阳区八里庄西里100号楼住邦2000商务中心底商1号 |
| 北京中铁德成建筑设计工程有限公司 | bai_zhenhong@sina.com,nmsyj@126.com | 北京市朝阳区八里庄西里住邦2000、4号楼-901室 |
| 上海雷誉光触媒环保科技有限公司 | wu_bh@leiyu.com.cn | 上海市青浦区重固工业园区崧盈路1078弄110号 |
| 爱家水处理设备秦皇岛有限公司 | 2546223048@qq.com | |
| 杭州同净环境科技有限公司 | Wangsheng571@hotmail.com | |
| 扬州明晟新能源科技有限公司 | 403821414@qq.com | |
| 中山金利宝胶粘制品有限公司 | vincent@kinglabel.com | |

| 纳琦环保科技有限公司 | johnny@naturegiving.com | |
|---|---|---|
| 北京泊菲莱科技有限公司 | info@perfectlight.cn，15948645@qq.com | |
| 长兴化学工业（中国）有限公司 | joujin@eternal-group.com.cn | |
| 河北保定太行集团有限责任公司 | thaot@taihang.com.cn | |
| 江苏朗逸环保科技有限公司 | | |
| 山东亿康环保科技有限公司 | 18601208204@163.com | |
| 华康汇（北京）科技有限公司 | Chen7560201@qq.com | |
| 鞍山奇典光触媒高科技有限公司 | zfxas@163.com | |
| 广东省微生物分析检测中心 | xiaobaoxie@126.com<br>cyiben@21cn.com | 广州市先烈中路100大院广东省微生物研究所内（510070） |
| 广州紫科环保科技股份有限公司 | jancyjay@qq.com | |
| 中铁建设集团设备安装有限公司 | lihong@ztjs.cn | |
| 深圳市尤佳环境科技有限公司 | luxuntao@yuga-e.com，<br>350552656@qq.com | |
| 成都宇之蓝环保科技有限公司 | | |
| 广东粤能净环保科技有限公司 | candy1819@163.com | 广州市番禺区节能科技园创新大厦909 |

**【参考2】**

## ●中国の主な光触媒の研究者のリスト

### 付贤智

**福州大学教授（工程院院士）**
通讯地址 福州市工业路523号 邮政编码 350002
联系电话 0591-3738608 传　　真 0591-3738608　电子邮件 xzfu@fzu.edu.cn

### 赵进才

中国科学院化学所 研究员（科学院院士）
Tel：010-82610080 E-mail：jczhao@iccas.ac.cn
Fax：010-82616495 Address：中科院化学所光化学开放实验室（100080）邹志刚

### 邹志刚

南京大学物理系教授（科学院院士）.
Tel:+86-025-83686630 Fax: +86-025-83686632 E-mail: zgzou@nju.edu.cn; z.zou@aist.go.jp
Nanjing University ,Nanjing Hankou Road 22, 210093 , China; Photoreaction Control Research Center (PCRC).

| No | 所属 | 名前 |
|---|---|---|
| 1 | 中国広東工業大学 | 安太成 |
| 2 | 上海交通大学 | 上官文峰 |
| 3 | 山东大学 | 戴瑛 |
| 4 | 中南民族大学 | 邓克俭 |
| 5 | 兰州大学 | 丁勇 |
| 6 | 中国科技大学 | 杜平武 |
| 7 | 中国科学院理化技术研究所 | 张铁锐 |
| 8 | 中国科学院理化技术研究所 | 只金芳 |
| 9 | 天津大学 | 巩金龙 |
| 10 | 山东大学 | 黄柏标 |
| 11 | 黑龙江大学 | 井立强 |
| 12 | 苏州大学 | 康振辉 |
| 13 | 福州大学 | 王心晨 |
| 14 | 武汉理工大学 | 余家国 |
| 15 | 中国科学院化学所 | 马万红 |
| 16 | 国家纳米科学中心 | 朴玲钰 |
| 17 | 大连理工大学 | 全燮 |
| 18 | 江苏大学 | 李华明 |
| 19 | 上海电力大学 | 李和兴 |
| 20 | 吉林大学 | 王德军 |
| 21 | 浙江大学 | 许宜铭 |
| 22 | 武汉理工大学 | 余火根 |
| 23 | 华中科技大学 | 张礼知 |
| 24 | 清华大学 | 朱永法 |

# 第16章

# 韓国での光触媒の現状

chapter 16-1

# 韓国での光触媒

韓国での光触媒の研究は、1990年頃に研究室レベルでの酸化チタン粉末及びゾルの合成とこれを用いた環境浄化、水分解による水素製造などから始まり、製品化に繋がったのは2000年頃です。この時期に韓国国内で出願された光触媒関連特許は1990年から10年間は23件でしたが、その後2005年までに150件に達したことからも分かる様に、韓国で光触媒が社会的に関心を集めたのは2000年以降です。この時期に製品化された光触媒製品の多くは光触媒ゾルで、セルフクリーニング機能または有害有機物の酸化分解機能が求められる場所（建物の屋外の窓ガラスまたは室内の壁など）へのコーティングに使われました。

その後、光触媒フィルターを利用した空気清浄機、室内用光触媒壁紙なども製品化されるなど、光触媒への関心が高まり30社以上の光触媒関連企業が設立されました。この様な状況の中、2002年に光触媒の研究と開発に関わる大学、研究機関、企業から成る光触媒研究会が発足し、さらに2003年には関連企業により韓国光触媒協会も設立されました。韓国光触媒協会は光触媒技術を向上し、良い性能の光触媒製品による健全な市場を作ることで関連産業の活性化と国民生活の向上に貢献することを目的とし、光触媒製品の認証及び韓国の状況に合う独自規格の確立のために活動を行いました。

2006年には光触媒ゾルを新築マンションなどの室内にコーティングすることで、シックハウス症候群の原因物質の除去に効果があるとして大きな市場が形成されました。しかし、性能が検証されてない光触媒ゾル製品が市場に横行したことや、紫外光が弱い室内では光触媒の酸化分解性能が十分に得られないことなどから光触媒の効果が疑問視されるというTV報道の後、瞬く間に光触媒関連市場が崩壊し、多くの企業が光触媒の事業を放棄することになりました。それ以来10年近く、企業の関係者だけではなく研究機関の研究者までも光触媒という用語すら使えなくなる光触媒の暗黒期に入りました。その後、中東呼吸器症候群（マーズ）による感染の広がりと韓国都心の空気質が世界最下位という政府の発表がきっかけとなり、2015 年に韓国で再び光触媒技術が注目される様になりました。

表 16-1 に韓国で開発した光触媒製品と市販開始時期をまとめました（会社の番号は韓国の光触媒企業及び光触媒製品リストをまとめた付録を参照してください）。2000 年頃から光触媒事業に関わっている企業は少なく、多くの光触媒製品が 2015 年以後に開発されたことがわかります。

**表 16-1　韓国の光触媒製品及び市販開始時期（＊企業は付録を参照）**

| | 年度 | 1995年 | 2000年 | 2005年 | 2010年 | 2015年 | 2020年 |
|---|---|---|---|---|---|---|---|
| 光触媒製品 | | 2003年韓国光触媒協会発足、2015年マーズ感染発生、2016年CEVI研究団、2018年GCP事業団 | | | | | |
| 光触媒素材 | *企業 | | 19 18 | | | | 20 11 1 17 |
| 光触媒フィルター | *企業 | | 19 18 | | | 4 | |
| 光触媒空気浄化装置 | *企業 | | | 19 | | 4 2 7 | 22 23 |
| 光触媒歩道ブロックなどセメント製品 | *企業 | | | | | | 5 6 9 10 12 13 14 16 |
| その他光触媒応用製品 | *企業 | | | | 15 | | 3 8 19 21 |

図 16-1 には韓国企業の光触媒製品開発に多く使用されている光触媒素材の写真を示します。

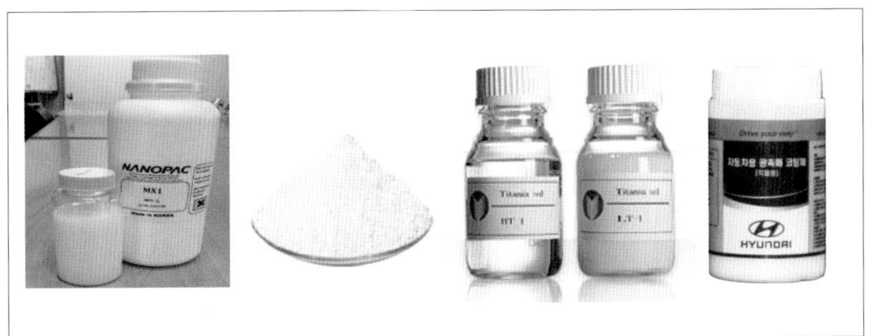


**図 16-1　光触媒素材製品（写真左から付録 No.18、No.19 社製品）**

韓国の光触媒製品の現状について、再び光触媒技術が韓国で注目されるきっかけとなった韓国の 2 つの大型国家プロジェクト[1,2]における光触媒関連事項を紹介することで説明します。

chapter 16-2

# 光触媒の抗菌、抗ウイルス効果関連製品開発



韓国では2003年に医療機関、学校、保育園などの公共施設に対する室内の空気質を改善するための法令が施行され、特に医療機関に対しては感染防止関連基準が強化されました。そこで、Photo & Environmental Technology（P&E）は院内感染を解決する目的で病院専用の大型空気殺菌装置を開発しました。この装置は図16-2（左）の様に5段のセラミック光触媒フィルター層、4列の紫外線ランプ、それにプレフィルターとオゾン除去の活性炭フィルターで構成されています。この大型空気殺菌装置を韓国全国の病院、保健所などに設置し、病院内の空気中の浮遊菌に対するテストを行いました（図16-2の右）。装置を設置する前は殆どの病院で浮遊菌の基準値を大きく超えていましたが、設置後には全ての病院で基準値より低い値を示したことから、優れた殺菌効果が確認できました。さらに空気中の浮遊菌だけではなく病院内の特徴的な臭いも除去できるため、非常に評判が良かったです。また、この装置は6か月使用後にランプの交換を行うだけで性能が2年以上維持できることも確認できました。

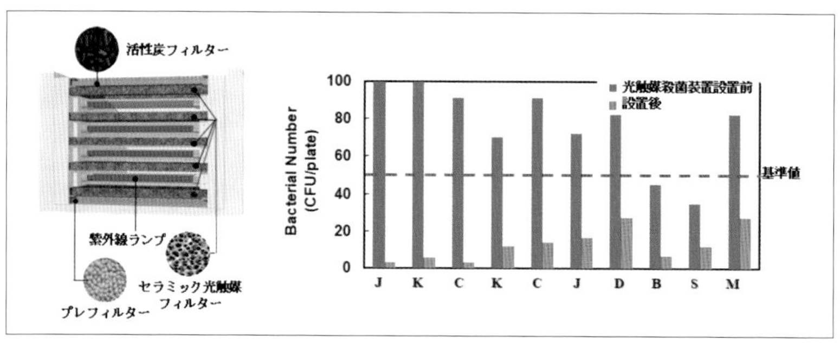


**図16-2　大型光触媒空気殺菌装置の構造と病院での浮遊菌の実験結果（写真は付録No.19社製品）**

2015年の春、中東から流入したマーズで韓国国内で186人が感染し、この中38人が死亡しました。初期の感染患者の殆どが韓国の有名病院の院内感染だったことから、社会的に大きな衝撃を与えました。これをきっかけに韓国化学研究院を中心に8つの国家機関が協力する2016年7月から6年間、事業費100億ウォン規模のCenter for Convergent Research of Emerging Virus Infectionプロジェクト（CEVI研究団）が始まりました。このCEVI研究団の目的は、海外から流入する可能性が高いハイリスク及び不特定のウイルスの診断、予防、治療、そして拡散防止です。ウイルスの超高感度診断技術の開発、予防及び治療物質の開発などの研究は、医療分野の研究者らを中心に進められています。特筆すべき点として、病院専用の大型空気殺菌装置の成果が認められ、ウイルスの拡散防止に光触媒技術を利用する計画が含まれました。病院、空港などの人が多く利用する建物の空気浄化システムに高活性な光触媒機能を与え、ウイルスの拡散を抑制する事を目的としています。このプロジェクトで光触媒分野が占める割合はそれ程大きくありませんが、ウイルスの拡散防止の技術として光触媒技術が認められたことは意味深いです。

光触媒空気浄化システムの開発には、図16-2の大型空気殺菌装置で使ったセラミック光触媒フィルターではなく光触媒ボールフィルターを利用することにしました（図16-3）。光触媒ボールフィルターは酸化チタン粉末と少量の無機成分のバインダーを混合して作った酸化チタンボールを利用するもので、これを開発した理由は、今後光触媒製品の光源と

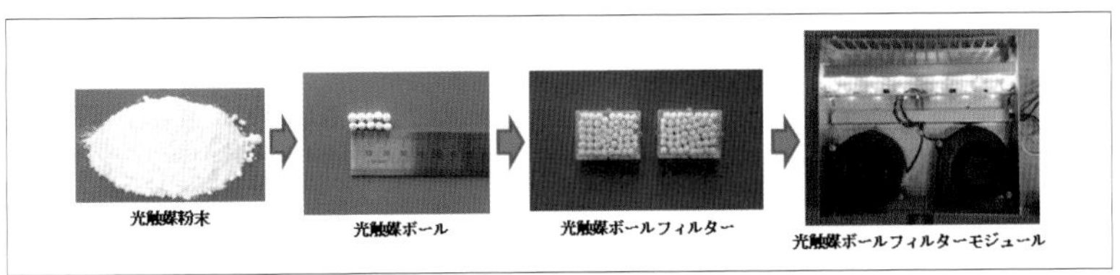


**図16-3　光触媒ボールフィルターとこれを用いて制作したモジュール（写真は付録No.4社製品）**

して多く使われるUV-LEDの照射範囲に合う大きさのフィルターが作り易いためです。光触媒ボールフィルターを用いたモジュールを制作し、抗ウイルス効果を日本KISTECの砂田香矢乃氏に依頼して調べました。試験に用いたインフルエンザウイルスとネコカリシウイルスのいずれも5分で初期ウイルス濃度の99%以上除去できました。

これらの結果を基に共同開発企業のBentechFrontierで家庭用の空気清浄機（図16-4の左端）と一般のエアコンまたは空気浄化装置の空気出入り口に付着して使える光触媒フィルターを製品化しました（図16-4の左から2番目）。COVID-19（新型コロナウイルス）がエアコンなどで飛散するのを抑制できるものとして、学校などの公共施設のエアコン、空気浄化装置などに光触媒フィルターの設置が検討されており、CEVI研究団のウイルス拡散防止の目的とも一致します。この光触媒フィルターの大腸菌（*Escherichia coli*）、緑膿菌（*Pseudomonas aeruginosa*）、黄色ブドウ球菌（*Staphylococcus aureus*）に対する抗菌効果をCEVI研究団で制作した8 $m^3$ の大型実験チャンバー（図16-5）で調べた結果、全ての菌に対して60分で99.9%の殺菌性能が確認できました[1]。この大型実験チャンバーを利用した抗ウイルスの性能を調べるためのウイルスの使用の認可を申請中で、今後の実験で得られた結果を参考にしてCEVI研究団での目的である大型光触媒空気浄化システムを制作する予定です。

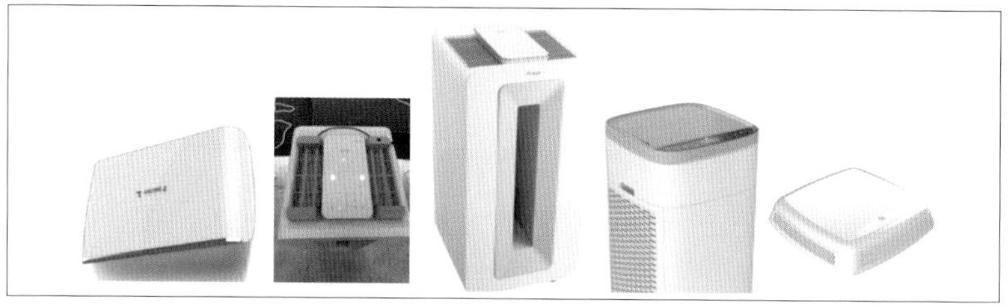

**図16-4　空気浄化光触媒フィルター及び光触媒空気浄化装置（写真左から付録No.4、No.23社製品）**

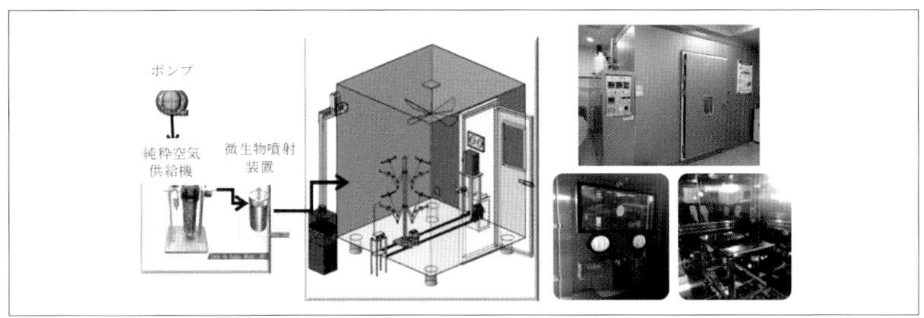


**図 16-5　光触媒空気浄化装置の抗菌及び抗ウイルス性能測定の大型実験チャンバーの構造と写真**[1]

BentechFrontier は図 16-4 の光触媒フィルターを空気出入り口に付着して製品化した空気浄化装置（図 16-4 の中央）を韓国で販売中です。さらに日本のドゥエルアソシエイツ社（www.del.co.jp/alkure/）に光触媒フィルターを供給して制作した空気浄化装置（図 16-4 の右から 2 番目）が日本でも販売を始めています。

chapter 16-3

# 光触媒の大気浄化効果関連製品開発

2018年からは大気汚染物質の中でも主に窒素酸化物を除去し都心の空気質を改善するために、光触媒を用いた建設材を開発するGreen Construction by Photocatalyst Research Groupプロジェクト（GCP事業団）も始まりました[2]。韓国建設技術研究院を中心に国内14の大学と研究所、18社の企業の他、海外から東京理科大学、豪州UTS（University of Technology, Sydney）も参加し、約5年間に160億ウォンの研究費が支援されます。以下はGCP事業団の課題別の主要な開発研究内容です。

第1課題：低コスト及び高効率な光触媒の製造技術の開発

第2課題：光触媒を用いる道路施設の建設材及び適用技術の開発

第3課題：住宅や公共施設に光触媒を使用する技術の開発

第4課題：光触媒の素材、建設材の標準化技術の開発

建設材に大量の光触媒を使用するためには、優れた性能の光触媒を安価に確保しなければなりません。以下に第1課題の全南大学、P&E社、豪州UTSが共同開発したスラッジから光触媒を低コストで製造する新しい光触媒の製造技術を紹介します[2,3]。

韓国では2013年まで水処理工程で発生するスラッジの大部分を海洋投棄により処理していました。しかし、国際条約によりスラッジの海洋投棄が2014年から全面的に禁止されたため、スラッジの処理ができない企業は運転停止に追い込まれるなど大きな社会問題となりました。そこで韓国の環境庁はスラッジの燃料化を進め、大量にスラッジを排出する廃水処理場の隣にスラッジを燃料とする発電設備を建設しました。し

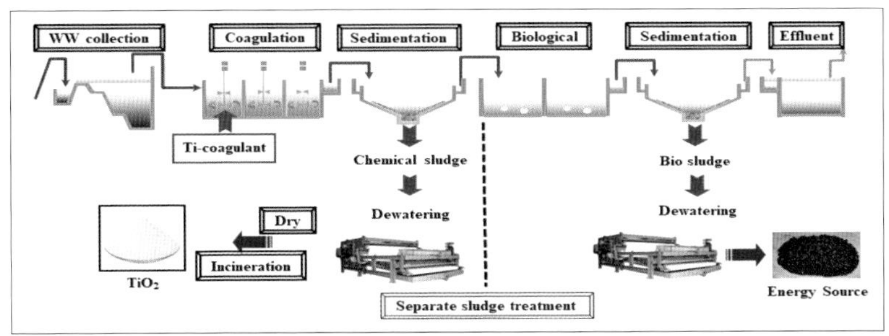


**図 16-6　チタン塩の凝集剤を用いた廃水処理及びスラッジからの酸化チタン製造** [2,3]

かし、金属成分の凝集剤が多く含まれている化学スラッジを燃料とした場合は様々な問題が生じます。そこで、この様な化学スラッジの処理問題を図 16-6 の方法でスラッジから光触媒を製造することで解決する試みを行いました。既存の廃水処理の凝集工程で使っている凝集剤（Al 塩、Fe 塩など）の代わりにチタン塩 [$TiCl_4$,$Ti(SO_4)_2$] を使用する方法を開発しました。チタン塩を凝集剤として使用すると、化学スラッジにはチタン成分が含まれ、有機物を燃やすと酸化チタンだけが残ります。この方法による様々な廃水及び下水に対する実験室レベル及びパイロット実験を経て現場での実験も行い、この技術が染色廃水の処理に非常に有効であることを豪州と中国の研究者との共同研究で明らかにしました。

化学スラッジから酸化チタンを製造する際、600-650℃の焼成温度ではアナターゼ型構造の酸化チタンが生成しますが、800℃以上の焼成温度ではルチル型に構造が変わります。化学スラッジを 600℃で焼成して得られた酸化チタンの粒子の大きさは TEM 写真から 20 nm 程度、窒素吸着実験から測定した BET 表面積は P-25 より少し大きい値を示しました。光触媒の活性をアセトアルデヒドの分解実験で調べた結果では P-25 光触媒と同程度の光触媒活性を示しました。この技術を用いて韓国の染色工業団地の廃水処理場（20,000 トン / 日の廃水処理規模）で現場実験を行った結果、1 年に約 1 万トンの光触媒酸化チタンの生産が可能であることを確認しました。この技術が確立できれば、光触媒の高い価格のため使用が困難だった分野にも光触媒が幅広く使われると期待されます。この技術でInternational Water Associationの2012年度IWA Global Project Innovation AwardsのApplied Research部門でGlobal Grand Honour Awardを受賞し、関連した内容で70編以上の論文掲載と韓国、米国、中国に特許を登録しました。

図16-7にはGCP事業団の第2課題の企業らが製造した建設材関連光触媒セメント製品を示します。



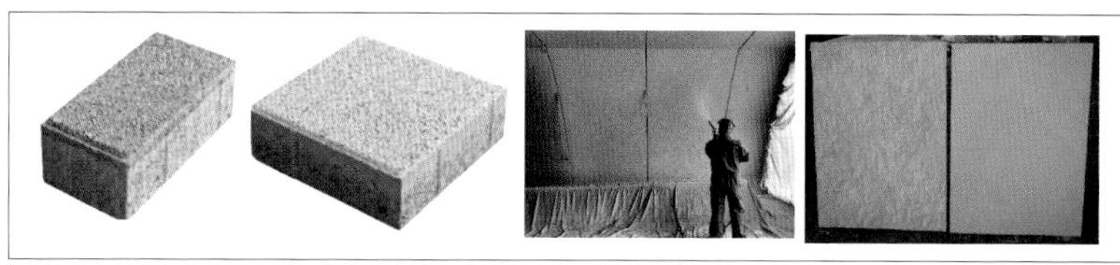

**図16-7　光触媒セメント製品（写真左から付録No.10、No.12、No.13社製品）**

この技術を開発する際、スラッジの中には多くの有機物及び窒素成分が含まれているため、スラッジを焼成することでカーボンまたは窒素成分がドープした可視光応答型の酸化チタンが得られることを期待しました。しかし、得られた酸化チタンではそれほど高い可視光応答性は示しませんでした。

そこで窒素成分を多く含むメラミンをスラッジから製造した酸化チタン（NP-400）と一緒に焼成し、可視光応答型光触媒の開発を試みました[4]。NP-400とメラミンの焼成は大気条件の焼成炉で10℃/minの速度で550℃まで昇温させ3時間行いました。これによりgraphitic carbon nitride (g-CN)/$TiO_2$の複合体（TC）が生成し、メラミンの量を変えることでg-CNと$TiO_2$の比率が異なるTC-Xが製造できました。図16-8（左）のTC-4サンプルのTEM写真からg-CNと$TiO_2$が複合化している状態が観察できました。図16-8（中）はNP-400、g-CN、TC-XのUV-VIS吸収スペクトル測定の結果で、NP-400は400 nmより長い可視光は吸収できませんが、TC-Xサンプルの中にはメラミンの量によって600 nmまで吸収できるものもありました。図16-8（右）

のNP-400、g-CN、TC-Xの可視光条件下でのNO除去実験結果から、NP-400とg-CNでは低い光触媒性能が得られましたが、TC-3とTC-4サンプルでは高い光触媒性能が見られました。以上の結果から、スラッジから製造した酸化チタンとメラミンを適切な比率で焼成すると、可視光応答型の光触媒が製造できることを確認しました。今後これらの結果を発展させ、メラミン樹脂などの廃棄物を用いた検討も行う予定です。

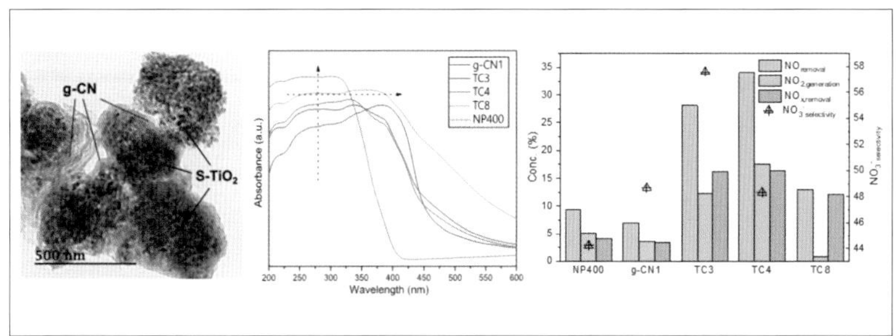


**図 16-8　NP-400、g-CN、TC-Xの物性及び可視光条件下での光触媒活性[4]**

今回のプロジェクトで開発を目標とした光触媒製品の一つに光触媒ペイントがあります。都心の大気質を改善するためにはNOxの除去が重要ですが、ビルの外壁に光触媒ペイントを適用することがNOxの除去に効果的であると考えています。現在市販の光触媒ペイントの主な用途は光触媒のセルフクリーニング機能による建物の汚れ防止であるため、NO除去の性能は期待したほど高くありませんでした。これは高い光触媒の性能とペイントの本来の目的である耐久性を同時に持つ光触媒ペイントの製造が難しいことを示唆しています。

Inha大学、P&E社、ソウルの多くの高層マンションを管理しているSHソウル住宅都市公社と共同で、ビルの外壁に適用できる耐久性を維持しながらNO除去の性能が高い光触媒ペイントの開発を行いました[5]。光触媒ペイントに混合するための光触媒（INCN）の製造は図16-9（左）の様に基の光触媒（INHS）の表面に親水性と疎水性の両方の機能を与える化学処理により行いました。化学処理したINCN光触媒を混合した水性ペイントにおいては、図16-9（右）の様に水性ペイントの表面に多くのINCN光触媒が存在すると考えています。

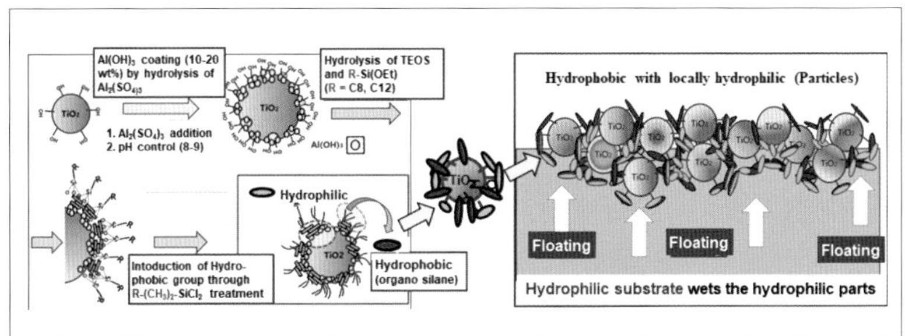


**図16-9　INCN光触媒の製造方法とINCN光触媒を混合した水性ペイントの模式図** [5]

10 wt％と20 wt％の未処理のINHS光触媒と表面処理を行ったINCN光触媒を水性ペイントに混合して製造した光触媒ペイントのNO除去性能を調べました。INHSを使用した水性ペイントはNO除去性能が低く、INHSの混合量を10 wt％から20 wt％に増やしてもNO除去性能はそれぞれ1.3％と1.4％でほとんど変わりませんでした。これは水性ペイントがINHS光触媒を大部分覆っているためであると推測しました。一方、化学処理したINCNを10 wt％混合した水性ペイントのNO除去性能は7.3％、INCNの混合量が20 wt％に増えると18.2％と著しく高くなりました。なお本研究は、東京理科大学 研究推進機構 総合研究院 光触媒研究推進拠点 共同利用・共同研究の支援を受けたもので、共同研究の機会を与えてくれた藤嶋昭拠点長と鈴木孝宗講師に感謝します。

INHSとINCNをそれぞれ20 wt％混合した光触媒ペイントの耐久性を350 W/m$^2$のUV照査を2週間行い調べました。この条件は一般の耐久性の認定試験の条件より厳しい条件で、INHS-20の場合は2週間のUV照査の後、表面に多くの粉が観察されましたが、INCN-20の場合は2週間後にも表面の変化は殆ど見られませんでした。このことから化学処理したINCN光触媒を使用した水性ペイントは耐久性に問題ないことがわかりました。そこで、SHソウル住宅都市公社はINCN光触媒を20 wt%混合した光触媒ペイントに対して、公社で決めている光触媒の性能及び耐久性に関する製品基準を満たすものであると報告しました。

chapter 16-4

# まとめ

韓国での光触媒の現状として韓国の国家プロジェクトにおける光触媒に関する項目を紹介し、室内用途では抗菌、抗ウイルス機能、屋外用途ではNOx除去などの空気浄化機能を中心に製品開発が進められていることを説明しました。特に2015年にマーズの対策法として認められ、ウイルスの拡散防止用に使用が始まった光触媒製品が、現在の新型コロナウイルスの大流行の中、実際に韓国の保健所などで使用されたことは開発者冥利に尽きるものです。光触媒の抗ウイルス機能は、今後何年周期に続いて起こると警告されているウイルスの脅威から、人類の命と健康を守る強烈な武器になると信じています。

これからは空気清浄機に単に光触媒フィルターを設置するだけではなく、新しい構造の空気浄化装置の開発も必要であると考えています。これには水浄化用光触媒フィルターを付けた加湿器を備えた空気浄化装置も良いと考えられます。図16-10には水浄化用光触媒フィルターとこれを利用した浄水器の写真を示します。さらに室内の光の条件下でも光触媒の抗ウイルスの機能を最大限に引き出せる室内インテリア製品も開発する必要があると考えられます。

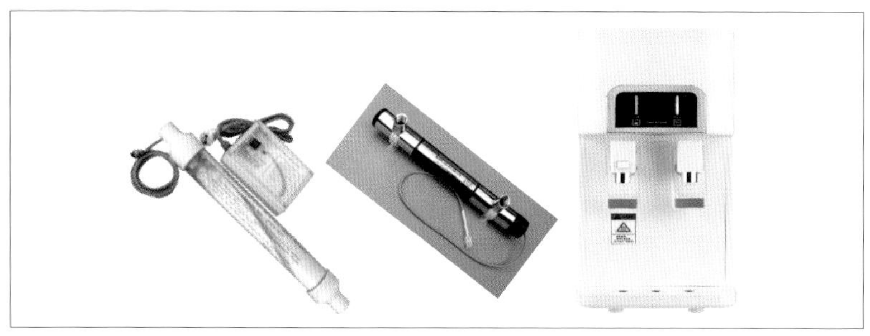

**図16-10　水処理用の光触媒フィルター及び浄水器製品（写真左から付録No.19、No.15社製品）**

最近、韓国で光触媒に対する国民の関心が非常に高くなりましたが、市販の光触媒の素材または製品に関する規格及び性能を評価、認定する公正な組織がないのが気がかりです。社会の期待に応じるためには2003年に設立した韓国光触媒協会にこの役割を果たして貰いたいですが、協会は関連企業が集まった組織であるため、その役割には限界がある様に見えます。信頼できる光触媒製品による健全な市場を作り光触媒産業の活性化と国民生活の向上に貢献するという本来の協会の設立目的を果たすためには、協会及び関連企業関係者だけではなく協会を監督する政府の協力が必要であると考えられます。

---

参考文献

1. 未来先導型融合研究団（Center for Convergent Research of Emerging Virus Infection、CEVI 研究団）の事業計画書及び成果報告書
2. 韓国国土交通部建設技術研究事業団（Green Construction by Photocatalyst Research Group、GCP 事業団 )の事業計画書及び成果報告書
3. Shon, H.K.; Vigneswaran, S.; Kim, In S.; Cho, J.; Kim, G.-J.; Kim, J.B.; Kim, J.-H., Preparation of titanium dioxide（$TiO_2$）from sludge produced by titanium tetrachloride（$TiCl_4$）flocculation of wastewater, Environmental Science & Technology 2007, 41（4）, 1372-1377.
4. Hossain, S.M.; Park, H.; Kang, H.-J.; Mun, J.S.; Tijing, L.; Rhee, I.; Kim, J.-H.; Jun, Y.-S.; Shon, H.K., Facile synthesis and characterization of anatase $TiO_2$/g-$C_3N_4$ composites for enhanced photoactivity under UV-visible spectrum, Chemosphere 2020, 262, 128004.
5. Kim, J.-H.; Hossain, S.M.; Kang, H.-J.; Park, H.; Tijing, L.; Park, G.W.; Suzuki, N.; Fujishima, A.; Jun, Y.-S.; Shon, H.K.; Kim, G.-J. Hydrophilic/Hydrophobic Silane Grafting on $TiO_2$ Nanoparticles: Photocatalytic Paint for Atmospheric Cleaning. Catalysts 2021, 11, 193.

付録 韓国の光触媒企業及び光触媒製品リスト

| No | 企業名 | 光触媒製品 | ホームページ |
|---|---|---|---|
| 1 | Airmarah Co Ltd | 光触媒ゾル | www.airmarah.com |
| 2 | APCTEC Co Ltd | 光触媒空気浄化装置 | www.apctec.co.kr |
| 3 | APEC Co Ltd | 光触媒ペイント | www.a-pec.co.kr |
| 4 | BentechFrontier CoLtd | 光触媒フィルター<br>空気浄化装置 | www.btfgreen.com |
| 5 | decopave Co Ltd | 光触媒歩道ブロック | www.decopave.co.kr |
| 6 | DESIGN BLOCK Co Ltd | 光触媒歩道ブロック | www.dbw.kr |

| No | 企業名 | 光触媒製品 | ホームページ |
|---|---|---|---|
| 7 | DAEHEUNG MITAL Co Ltd | 光触媒空気浄化装置 | www.dhmt.co.kr |
| 8 | Dongnam Co Ltd | 光触媒ゾル | www.dongnamad.co.kr |
| 9 | EDC LIFE Co Ltd | 光触媒セメント製品 | www.edclife.co.kr |
| 10 | Get-pc Co Ltd | 光触媒歩道ブロック<br>光触媒パネル | www.greencon.org |
| 11 | J-chem Co Ltd | 光触媒素材 | www.j-chem.net |
| 12 | JH Co Ltd | 光触媒セメント製品 | www.jh-corp.co.kr |
| 13 | JH Energy Co Ltd | 光触媒パネル | www.jh-corp.co.kr |
| 14 | JW Co Ltd | 光触媒歩道ブロック | www.jeongwoo.co.kr |
| 15 | HANVIT KOREA Co Ltd | 光触媒浄水器 | |
| 16 | MBLOCK Co Ltd | 光触媒歩道ブロック | www.m-block.kr |
| 17 | Nano M Co Ltd | 光触媒ゾル | www.nano-m.com |
| 18 | NANOPAC Co Ltd | 光触媒素材<br>光触媒フィルター | www.nano-pac.com |
| 19 | P&E Co Ltd | 光触媒素材<br>光触媒フィルター | www.pnekr.com |
| 20 | P.T KOREA Co Ltd | 光触媒道路コーティング | www.paveteckorea.com |
| 21 | scienceceramickorea Co Ltd | 光触媒セラミック製品 | www.scienceceramic.com |
| 22 | Sewon Co Ltd | 光触媒空気浄化装置 | www.sewoncentury.co.kr |
| 23 | YUNSUNG Co Ltd | 光触媒空気浄化装置 | www.yunsungcompany.com |

（金　鍾鎬）

# 第17章

# ヨーロッパの光触媒の状況

ヨーロッパにおける光触媒の標準化と商業化

ヨーロッパにおける光触媒産業の状況

chapter 17-1

# ヨーロッパにおける光触媒の標準化と商業化

筆者は、1997年に欧州での光触媒セラミックタイルHydrotect（TOTO-RAKO-DSCBプロジェクト）の製造開始に関わり、新規の商業利用（世界文化遺産保護など）を推進するなどの活動を続けています。本稿では、欧州のトップレベルの専門家との議論を踏まえた上で、これまでの、そしてこれからの展開について紹介します。

ヨーロッパにおける光触媒の基礎研究は100年近くの長い伝統があります。一方、光触媒の商業応用の歴史ははるかに若く、超親水化現象の発見以降に加速されました。世界的なセメントメーカーであるItalcementi社は、セルフクリーニング機能と有機物分解機能を持つ光触媒セメントをヨーロッパに導入したことで注目されています。2015年にミラノで開催された前回の万国博覧会のイタリア館は、同社製の非常にユニークな光触媒セルフクリーニングコンクリート材料で構成されていました。チェコのセラミックタイルメーカーRAKO Rakovník（当時のドイツDSCB社の子会社）は、TOTOと共同でヨーロッパでの商業利用を開拓している企業の一つとして挙げられます。光触媒による抗菌・セルフクリーニング効果を付与したハイドロテクトタイルは、1999年に初めて市場に登場しました。欧州での実用化の成功は、日本での光触媒産業の発展と結びついています（図17-1、図17-2）。

## 光触媒材料としての酸化チタン

現在、ヨーロッパで使用されているほとんどすべての光触媒材料は、酸化チタンをベースにしています。ヨーロッパにはいくつかの酸化チタ

**図 17-1　2015 年にミラノで開催された万国博覧会のイタリア館。光触媒が使われている**

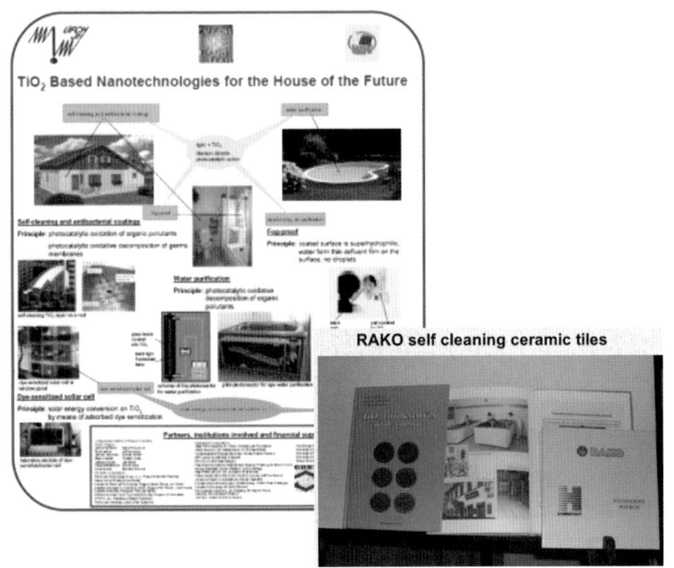


**図 17-2**

（上）チェコの企業は光触媒の大きな可能性を大々的に宣伝していました（2005 年）

（下）「酸化チタン光触媒の基礎と応用」のチェコ語版には、RAKO-Hydrotect タイルが紹介されています。

ンメーカーがあり、そのほとんどが光触媒応用を目的とした酸化チタン改質を生産工程に入れています。主なメーカーは以下の通りです。

Cinkara - スロベニア

Cristal (Tronox) - フランス、イギリス

Huntsman - フィンランド、フランス、ドイツ、イタリア、スペイン、イギリス

Kronos - ベルギー、ドイツ、ノルウェー

Precheza - チェコ

TRONOXLLC - オランダ

Police - ポーランド

残念ながらEUは、2020年2月18日に酸化チタンを「特定の粉末状の製品（酸化チタンを含む製品群全体に適用）の吸入による発がん性の疑いのある物質（カテゴリー2)」に指定することを決定しました。18ヶ月の移行期間後、2021年1月10日から適用されます。光触媒の応用において、この決定は深刻な問題につながり、欧州でまだ発展途上にある技術開発を遅らせるおそれがあります。

## 光触媒製品の標準化と認証

日本と同様に、ヨーロッパでの光触媒製品の商業化は、機能を保証するためにISOやCENレベルで認められた試験方法の開発に大きく依存するという結論になっています。CEN標準化システムを確立することは、「光触媒技術と新規ナノ表面材料の重要課題」と呼ばれる欧州COST 540（科学技術協力）プロジェクトの主な目的の一つでした。COST 540は、欧州20カ国の専門家と日本のPIAJのメンバーをゲストとして招き、共同研究に参加してもらいました。COSTプロジェクトの最も重要な目標として、実用化に向けた光触媒（ナノ）材料の開発に焦点を当て、CEN光触媒技術委員会を設立することがあげられます。

2008年11月にパリで第1回CEN TC 386会議がAFNOR（フラン

ス規格協会）委員会事務局を中心に開催されました。2020年の会議は、COVID-19の感染拡大のため、オンラインで開催されました。ISOと比較すると、光触媒のためのCEN TCが独立しています。例えば、CEN TC 386は、前回の第13回総会でISO/CD規格24448 -LED光

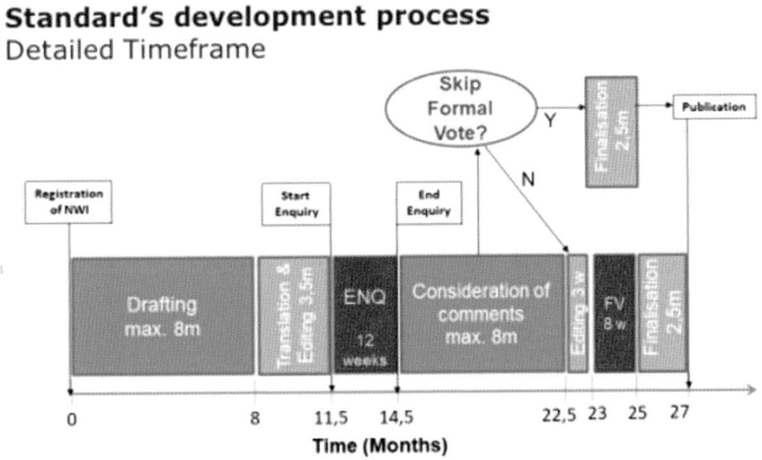

**図 17-3　標準化プロセスのタイムスケジュール**

源を採用することを決定しましたが、これはCEN TCの専門家が積極的に参加してISO規格の確立に大きく貢献したためです（図17-3）。

CENとISOの光触媒の標準化に対する考え方は似ています。CEN TC 386の中には、もともと以下の8つのWGが設置されていました。

* WG1 " 用語 "（招集権者：Dr. Claudio Minero / イタリア）
* WG2 " 空気浄化 "（招集権者：Dr. Chantal Guillard / フランス）
* WG3 " 水の浄化 "（招集権者：Dr. Anastasia Hiskis / ギリシャ）
* WG4 " セルフクリーニングアプリケーション "
（招集権者：Dr. Claudio Minero / イタリア）
* WG5 " 医療応用 " – 終了
* WG6 " 光源 "（招集権者：Dr. Zissis / ギリシャ）

* WG7 " 新技術・その他 "（招集権者：Dr. František Peterka / チェコ、筆者）

* WG8 " 微生物学 "

実際にはWG5グループは活発ではなく、すぐに終了してしまいました。WG8は、COVID-19のため、今日では非常に重要ですが、専門家が不足していて、積極的な活動ができていません。WG3の活動は、EN 17210規格－フェノール分解の測定による光触媒材料の性能が存在するものの、最近の応用事例がほとんどないため、こちらも積極的な活動ができていません。CENのセルフクリーニングへのアプローチは、固体間の接触に基づいており、ISOのコンセプトとは異なります。EN 16845-1:2017規格「光触媒作用－固体 / 固体条件下での吸着有機物を用いた抗汚染化学活性－第1部：染料」がそれを証明しています。

CEN規格は、NOx除去やセルフクリーニングのような最も重要なアプリケーションに対して既に存在しています。いくつかの提案はNWI（New Working Items）のステータスを持ち、いくつかの標準項目はTR（Technical report）のステータスを得ています。すでに承認されているCEN規格の数は、開始が遅れているため、承認されているISO規格よりも若干少ないです。意外なことに、CEN TC 386 WGでは、ISO TC WG9の専門家の数に比べて、欧州各国の専門家の数が多いことも、評価プロセスを鈍らせています。提案された規格に対する多くの異なる意見が、結果として終わりのない厳しい議論になっていることが多くあります。例として、光触媒活性評価インクについて、当初はCEN規格として提案されていたものがISO規格として承認されていることが挙げられます。インク規格のコンセプトが欧州の専門家によって否定された後、提案がCEN TCから取り下げられた経緯があります。

ISO標準化システムに加えて、CEN TC386は光触媒式空気清浄機の試験を可能にする規格を承認しました。EN 16846-2「室内空気中のVOCと悪臭の除去に使用される光触媒式空気清浄機の効率測定－第2部：大型チャンバでの試験」（図17-4）は、適切に設計された光触媒装置を「まがいもの」と区別するために非常に効果的であることを証明しています。試験で最も重要なのは、有機汚染物質の分解混合物から放出される $CO_2$ の測定であり、理論的に放出される $CO_2$ の正確な量を簡単に計算することができます。$CO_2$ が放出されていないということは、空気清浄機が他の技術（例えば吸着）を使用していることを意味します。また、異常に高い $CO_2$ 放出は装置の構造が間違っていることを意味します。

CEN TC386 の WG 7 は、光触媒材料の経年変化と光触媒材料の耐久性の概念について、まだ作業中です。ISO と CEN の専門家の異なる意見を調和させ、完全な規格とすることをめざしています。この問題については、完了済みの作業が技術報告書（TR）として公開されています。

もう一つの重要な CEN 規格は、建設資材の光触媒活性をその場で測定する方法で、スペインから提案されています。この提案は、LIFE-PHOTOSCALING プロジェクトの重要な成果です。

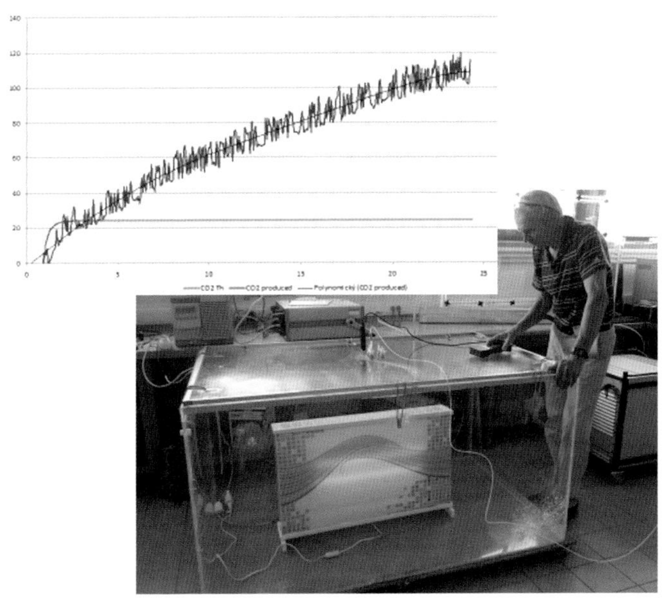


**図 17-4　EN 16846-2 試験の様子（右は筆者）**

いずれにしても、光触媒の性能に対する国民の信頼が成功の鍵を握っています。日本での PIAJ の活動は、製品認証は標準化された試験に基づくべきであることを認識させました。性能の良し悪しを区別するために、PIAJ は、試験結果が一定の基準を満たした製品に認証マークを付与する仕組みをつくりました。これをふまえ、CAAP は PIAJ と協力して CAAP 認証制度を導入し、チェコの企業だけでなく、ヨーロッパの他の企業にも提供しています。PIAJ ラベルとは異なり、CAAP 認証を取得するためには、光触媒協会の会員であることがルールではありません。また、NOx 除去に適用される光触媒材料については、ISO 規格の非常に良い結果に合格した場合に自主認証を取得できるようになりました。

## 欧州での光触媒の応用の成功と商業利用を推進する組織の設立

欧州企業が光触媒製品を初めて市場に投入したのは 2000 年頃です。当時、欧州での事業展開は日本の状況に大きく遅れをとっていました。欧州での商業活動を加速させるために、日欧光触媒応用推進協議会（EJIPAC）が設立されました。EJIPAC は 2008 年に活動を停止し、その結果、欧州の一部の国は日本に追随することになりました。 2006 年には日本光触媒工業会（PIAJ）が設立されると、フランスは欧州での光触媒連盟の設立に着手しました。2009 年には欧州光触媒連盟（EPF）が誕生しました。さらに、チェコ（CAAP）、ドイツ（FAP- ドイツ顔料・充填剤生産者協会の下に組織）、スペイン（イベリア）の連盟が後に続きました。チェコ、フランス、ドイツ、イベリアの委員会はもともと EPF の中に存在していましたが、ベルギー、イタリア、イギリスのメンバーが最も活発に活動していました。EPF は 2013 年のピーク時には、光触媒分野の主要なプレーヤーや大規模な国際企業（例：Saint Gobain)、一部の科学団体、個人の専門家を含む 100 人以上の欧州メンバーを集めました。2017 年に EPF の活動を終了することを決定した後、欧州各国の連盟とPIAJとの協力は、欧州における光触媒ビジネスをさらに促進するために非常に重要になりました。EPF終了後の欧州の商業応用分野では、CEN TC 386内での専門家会議は、協力を継続するために非常に有用となります。

18名のメンバーで構成されているFAP、有名な国際企業（BASF、Heidelberg Cement）を含む、12名のメンバーで構成されているCAAP（および、チェコのNo.1塗料メーカーBAL）は、酸化チタンの毒性の問題とヨーロッパでの光触媒ビジネスを守るという重要な課題のために、特別に2017年以降の連絡先を拡大しました。

日本や世界と同様に、欧州での商用アプリケーションも、6つのグループに分けることができます。

1. 都市部の環境管理（道路、建物、屋根など）
2. 強力な抗菌抗ウイルス効果を持つセルフクリーニング表面
3. 室内空気浄化（空気清浄機）
4. 水の浄化
5. エネルギー変換
6. その他、新規応用

現在の商業化は最初の3つのグループのみを対象としています。BCCの調査によると、光触媒の商用アプリケーションの25%を欧州がカバーしています（2015年）。

## 都市部の環境制御 - 空気浄化

EUの排出規制が厳しくなったことで、空気清浄用途が光触媒用途の最重要ターゲットとなっています。汚染物質（特にNOx）を制限値以下に抑えるためには、信頼性の高い効果的な技術や対策が求められていました。そのために、光触媒、セメント、屋根材、ファサード材、床材メーカーなどのヨーロッパの大手企業は、この目標に向けて光触媒製品の開発に力を注いでいました。EUと各国の政府機関は、財政的には、実際の条件の下でNOx削減のための光触媒の効率を証明するために、少なくとも5つの共同ヨーロッパのパイロットプロジェクトをサポートしています。LIFE-PHOTOSCALINGプロジェクトも、マドリッド市政府によってサポートされ、2019年に終了しました。筆者の光活性ナノ複合体材料も、このプロジェクトにおいて、オランダでの汚染処理試験に供されました。このプロジェクトでの調査結果は、次のように要約されます。

NOx削減のための光触媒性能は、優れた光触媒材料において実証されました。試験の結果、欧州市場で販売されている既存の光触媒材料のほとんどは、性能が悪いものと良いものがあり、光触媒材料の認証が重要です。NOx削減効果は、道路や敷石、屋根などの処理面から近い距離では非常に高く（30～60%）、少し離れた場所でもじゅうぶん高くなります（15～30%）。都市全体の現実的なNOx削減量は、あくまでも推定値で、気象条件等に大きく左右されます。

屋根材（ICOPAL, Erlus）、セラミック瓦（Rako, TOTO Europe）、フェルト、ファサード用の塗装・コーティングシステム、プラスター（BAL, Sto）、コンクリート材料（Italcementi）などの光触媒製品が最も一般的です。ガラスも重要なターゲットとなっています（Saint Gobain, Pilkington, Erlus AG, RAKO, TOTO Europe）。

大気汚染防止のための光触媒応用に重要なことは以下の2点です。

—有毒な$NO_2$を形成する副反応がないこと。

—ホルムアルデヒド発生につながる有機バインダーの著しい劣化がないこと。

室内の環境浄化は別の話です。室内用の可視光応答光触媒の有機物分解活性は低く、室内で人工的なUV-A光源を使用することも現実的ではありません。しかし、多くの場合、輸入された面白い製品や光触媒の信頼をそこなう技術によってヨーロッパの市場が混乱させられている状況があります。

空気清浄機は室内の空気清浄に効果的であることが証明されており、

現在ヨーロッパでは数社の空気清浄機が製造されています。COVID-19の感染拡大は、光触媒空気清浄機の巨大な市場があることを証明し、他の技術よりも人気になっています。

信頼性の高い光触媒材料をつくり、優れたマーケティング戦略も持っているメーカー（例えば、TRONOX、PHOTOCAT、Advanced materials、Heidelberg cement）は、この非常に重要な応用で成功することでしょう。

手軽に効果の実証ができるセルフクリーニングは信頼性が高くなってきましたが、美観維持機能のみの市場は限られています。しかし、ヨーロッパの企業では、公害防止機能を付加したセルフクリーニングとして販売しているところもあります（チェコのBAL社、ドイツのSto社、スペインのいくつかの企業）。

抗微生物効果（バクテリア、ウイルス、藻類、真菌、コケ）のあるセルフクリーニング材料の重要性が高まっています。環境の変化、新技術の開発、感染拡大状況に伴い、ヨーロッパでは光触媒がこの分野での商業的応用の可能性が試験的に検討されています。おそらくチェコのBAL-Teluria社とPragotherm Servis Fasad社は、この応用分野の先駆者でしょう。チェコでは何千もの家が断熱されており、藻類や真菌が繁殖しやすい状況にあります（図17-5上）。光触媒によるそれらの除去に期待が高まっています。また、歴史的建造物の美観維持や保護も重要な応用です（図17-5下）。

## ヨーロッパの光触媒の商業応用の歴史（筆者の活動も含む）

**1995-2000**　ヨーロッパで最初の光触媒の商用利用を開始。例えば、RAKO Rakovník（DSCBグループのメンバー）が、1999年に光触媒抗菌タイルHydrotectの製造をTOTOライセンスの下で開始。

**2000-2005**　ヨーロッパの企業が光触媒の可能性を見出し、塗料、コンクリート、ガラス、空気清浄機などの光触媒製品を市場に送り出す。Sto、BAL、DSCB、Italcementi、その他多数の企業が、独自の技術をベースに、または日本のライセンスに基づいて。

**図 17-5 藻類や真菌が繁殖している住宅の外壁や歴史的建造物**

2001- 光触媒機能を適切に評価するための国家レベルの規格がUNI(イタリア)やDIN(ドイツ)として初めて導入される。その後、ISO TC 206が制定された後、ISO規格が活用されるようになった。2007年に初めて承認されたNOx除去機能評価のISO規格は、現在でも一般的に普及。

2005-2009 新材料開発・応用・標準化に焦点を当てた欧州COST 540プロジェクト(欧州各国で、信頼性の高い応用・標準化を支援する15のセミナーを日本から参加して開催)。

2004-2008 EJIPAC (European-Japanese Initiative for Photocatalytic Application Commercialization)、日欧間の商業ベースでの協力関係の拡大を目的とした会議を開催。

2007 RILEM会議、Italcementiによってイタリアのフィレンツェで建設産業における光触媒のアプリケーションを促進することを目的として開催。

2008- CEN TC 386 for Photocatalysisが設立され、より多くの欧州各国代表が欧州の商業ビジネスのニーズを反映した提案書を作成できるように。

2009-2017 EPF(European Photocatalytic Federation)、フランスの主導で誕生。光触媒応用ブームの中で100人以上のメンバーを集めた。2015年に光触媒の白書を発行。

また、2013年にはCAAP(Czech Federation for Applied Photocatalysis)などの国内連盟が設立され、以下の活動を展開。

2014　国際会議がプラハで開催。ヨーロッパと日本の既存の光触媒協会の代表者が、商用利用分野の問題点として、成果と期待を発表しました。

2014　CAAP -PIAJは、PIAJラベリングシステムに基づくチェコ共和国における光触媒製品認証の導入を支援する協力協定を締結。他のEU諸国でも一般的な有効性を持つ。

2017　CAAPは、既存の光触媒アプリケーションの優れた機能を証明する証明書の発行を開始。

2017　FAP-CAAP会議、EPF終了後の光触媒に関する欧州での協力強化に焦点。EUにおける酸化チタンの毒性分類の否認が会議の重要課題となった。

2017　欧州の専門家が日本の出版物「光触媒の世界」に寄稿し、特に欧州での商用利用の可能性を示した。

2020　光触媒は、EUにおける展望技術として今なお重要な役割を果たしている。欧州の企業は、環境触媒、自浄作用のある表面、室内の空気浄化装置などの分野で特に商業的に成功している。微生物汚染の防止や表面の過熱防止に焦点を当てた新しい応用は、商業的な可能性と優れた展望を持っていることが証明された。

## 欧州における商用利用の将来性と動向

光触媒分野で商業的なビジネスを展開している欧州の企業は、環境やセルフクリーニング用途における光触媒の重要な位置をしめています。2020年初頭の酸化チタンの発がん性分類が問題となっている今、特に欧州の国際企業は、酸化チタンの応用可能性を十分に説明する必要があります。EUの戦略と優先順位も変化し、欧州の法律は再生可能エネルギーと脱炭素科学を第一に考えるようになっています。NOx汚染物質の削減は依然として重要と考えられていますが、NOxの主な発生源である従来型エンジン車の交通量を減らすことが、長い目で見た場合の解決策と考えられます。しかし、最近では光触媒が都市部や郊外での排ガス・公害防止に最も効果的な方法として注目されています。クリーンで適切な表面設計と排出抑制は常に結びついており、どちらの特性がより重要であるかは議論が難しいところです。いずれにしても、太陽エネルギーによる光触媒反応を利用した新しい挑戦的な応用が、光触媒の可能性をひろげていきます。たとえば、光触媒機能を有するナノコンポジットシステムを用いた、表面の冷却・過熱防止の応用は、チェコの企業によって進められています。光触媒はまた、将来、二酸化炭素を合成燃料や他の有用物質に変換する方法にもなることでしょう。

光の当たらない夜間や日陰で使用できるのか？というキラーフレーズは避けがたいですが、しかし、それによって私たちの歩みが止まることはありません。

（František Peterka Ph.D.）

chapter 17-2

# ヨーロッパにおける光触媒産業の状況

ヨーロッパでは光触媒製品の市場規模が拡大しています。20年前に光触媒製品が欧州に登場したことで、機能材料の市場が開拓されました。数年の停滞がありましたが、光触媒製品の販売および設置による収益は、過去5年間で増加しています。

現在は、光触媒を使うという概念の変化に直面しています。光触媒産業は、建物の美観を向上させ、長期にわたって美観を保つセルフクリーニング効果の応用から始まりました。その後、NOx除去効果のあるものへと変化し、その効果を規格や実証試験で証明することになりました。最近の研究開発の傾向としては、防藻や抗ウイルス効果などが挙げられます。近い将来、光触媒の特性を組み合わせて、環境、気候、経済効果など社会的インパクトのある持続可能なコンセプトを打ち出していく企業が出てくることが予想されます。

今日販売されている光触媒製品の主な分野は、建築業界向けの製品、例えば、舗装、ファサード、道路資材、屋根などです。販売されている光触媒製品のうち最も多いものは、コンクリート建材－舗装とファサード－と塗料です。ヨーロッパの光触媒産業のリーダーたちは、これらの関連業界に属しています。

光触媒製品の販売促進のうえで特筆すべき点は、都市環境のNOxを低減するための空気浄化特性です。NOx低減特性を持つ製品が数多く発売され、総設置面積は数百万 $m^2$ にもおよび、私たちが毎日呼吸する空気を浄化しています。

## ヨーロッパの光触媒

光触媒技術は日本からヨーロッパに伝わりました。市場に出回った最初の製品は、大手コンクリート・セメントメーカーや、ピルキントンやサンゴバンのような窓ガラスメーカーが製造したセルフクリーニング材料でした。1990 年から 2000 年までは、メンテナンスコストを削減し、時間の経過とともに表面を清潔に保つことで表面の美的外観を向上させるセルフクリーニング特性に主眼が置かれていました。

2000 年以降、ヨーロッパにおける光触媒産業発展の原動力となったのは、空気清浄効果の実証でした。短期間に多くの製品が市場に出されたため、光触媒製品を試験するための様々な規格が制定されました。認定試験所による光触媒製品の試験方法を改善するために、いくつかの作業部会が設立されました。主な目的は、NOx 低減特性を比較するための共通の規格を制定することでした。

光触媒を用いた NOx 低減建材の活性測定に適用される試験方法として最も広く知られているのは ISO 22197-1 標準試験法です（第 6 章参照）。この規格は通過式の反応器を用い、波長 300〜400 nm の範囲で 10 W/$m^2$ の UV ランプを照射しながら、1 ppm の一酸化窒素ガスを試料に通過させます。NOx 濃度を反応器の入口と出口で測定し、NOx 低減特性を評価します。様々な材料の性能を比較するためには、この ISO 22197-1 のような標準的な試験法を実施する必要があります。その他の試験方法としては、UNI 法、CEN 法などがあります。

ヨーロッパの光触媒協会は、標準試験法の開発と導入の先駆けとなりました。

## NOx 削減のための光触媒製品の実環境試験

2005 年から 2010 年にかけて、ヨーロッパでは最初の実環境試験が実施されました。2005 年以降、実環境での光触媒技術の有効性を証明するために、EUの資金提供によるいくつかのプロジェクトが開始されました。主な課題は、実環境でのNOx除去効果を試験・検証する方法についての手順書を作成することでした。都市空間におけるNOx濃度のモニタリングは困難であり、光触媒反応による変化の検証も困難を極めていました。

著者らは、2005年から2020年にかけて実施された実環境試験を調査しました（Pedersen, Lock, Jensen 共著の総説論文として Journal of Photocatalysis に2021年に掲載予定）[1]。この調査は、実施された実環境試験の品質を評価する方法の提案のみならず、新しい実環境試験の設計にも役立ちます。ここでは、NOx除去建材における光触媒酸化チタンの使用に焦点を当てており、環境産業委員会（Environmental Industries Commission, EIC）による最近の報告書でも、NOx除去のための最も安価な選択肢の一つとして強調されていました[2]。

この調査の目的は、2005年から2020年までの既存の実環境試験の品質を客観的に評価することでした。酸化チタンをベースとした光触媒はNOxなどの有害な大気汚染物質を除去することができると結論づけています。この技術を舗装、アスファルト、トンネル内壁などの都市部の建材表面に組み込むことは、汚染レベルと人口密度が高い地域で低コストに大気質を改善するための有望な手段となります。しかし，気象条件や交通量など試験結果に影響を与える要素が多く、実際の削減効果の定量は困難であり、文献には相反する結果が報告されているものもあります。この調査では、既存の22件の実環境試験について、多くの研究論文から得られた情報をもとに、9つの具体的な基準に照らして評価することを試みました。図17-6に、その内容をまとめます[1]。

この調査研究の結論は、光触媒が都市のNOxレベルを低下させるというものでした。これはヨーロッパの光触媒産業における認識と一致しています。これで、光触媒の機能が証明され、文書化がしっかりされたことになります。光触媒は、大気質の汚染と闘い環境の改善をめざす、ヨーロッパ中の都市計画担当者や政府にとって、重要な選択肢となる可能性を秘めているといえます。

**Table 1** Overview of the evaluation of 22 field studies according to the criteria explained in Section 2.

| Study[a] | Lab | Area | Distance | Ref. | Blank | Duration | Frequency | Durability | Suppl. |
|---|---|---|---|---|---|---|---|---|---|
| Antwerp | ★ | ★ | - | ★ | - | ★ | - | ★ | ★ |
| Guerville | - | - | ★ | ★ | - | ★ | ★ | - | ★ |
| London | - | - | ★ | - | ★ | ★ | ★ | - | ★ |
| Rome | ★ | ★ | ★ | - | ★ | - | ★ | - | ★ |
| Hengelo | ★ | ★ | ★ | ★ | ★ | ★ | - | ★ | ★ |
| G.I.T | ★ | - | - | - | - | - | - | - | - |
| Malmø | - | ★ | ★ | ★ | ★ | ★ | ★ | - | ★ |
| Manila | - | ★ | - | - | ★ | ★ | - | - | ★ |
| Brussels | ★ | ★ | - | ★ | ★ | ★ | ★ | ★ | ★ |
| Louisiana | ★ | - | - | - | ★ | - | ★ | ★ | ★ |
| Wijnegem | ★ | - | - | - | - | ★ | - | ★ | - |
| Gasværksvej | ★ | ★ | ★ | ★ | ★ | ★ | ★ | - | ★ |
| CPH airport | ★ | ★ | ★ | ★ | ★ | ★ | ★ | - | - |
| The Hague | ★ | ★ | - | - | - | - | ★ | - | ★ |
| Fælledvej | - | ★ | ★ | - | ★ | ★ | ★ | - | ★ |
| Holbæk mv | - | - | - | ★ | - | ★ | ★ | - | ★ |
| Valencia | - | ★ | ★ | - | - | - | ★ | - | - |
| Toronto | - | - | - | - | - | ★ | ★ | - | - |
| Roskilde | ★ | ★ | - | - | - | ★ | - | ★ | - |
| Putten | - | - | - | - | - | - | - | - | ★ |
| Tsitsihar | ★ | ★ | ★ | ★ | - | ★ | ★ | - | ★ |
| Madrid | ★ | ★ | ★ | ★ | ★ | ★ | ★ | ★ | ★ |

[a] *References for the studies are given in the main text*

**図 17-6　22 件の実環境試験と 9 つの評価基準のまとめ[1]**

## ヨーロッパ光触媒協会（The Photocatalytic Associations in Europe）

ヨーロッパ光触媒協会は、標準的な試験手順書を確立し、推進する上で重要な役割を果たしてきました。光触媒を普及させるためには、十分な性能を持つ光触媒製品を使用することが大切です。したがって、製品や材料の（例えば、実験室規模での）性能評価試験は最初にされるべきで、その結果が報告されることが大切です。光触媒を使用して NOx 除去建材の性能評価のために広く認識された試験方法は、ISO 22197 - 1 標準試験です。

光触媒技術、特に標準的な試験方法を促進するための主要な光触媒協会は、チェコ、ドイツ、フランス、そしてヨーロッパ光触媒協会でした。しかし、今日ではこれらの協会はいずれも活動しておらず、ヨーロッパで唯一活動している光触媒協会はスペイン / イベリア光触媒協会です。2020 年にはイベリア光触媒協会は光触媒白書を発行しました（図 17-

7)。スペインで光触媒製品を推進している大手企業だけでなく、公的機関の研究者や公務員も白書に寄稿しています。

Spanish/Iberian Photocatalytic Association

photocatalytic white book

**図 17-7　イベリア光触媒協会による光触媒白書**

また、イベリア光触媒協会は、光触媒を公共入札で使用されるようにする上で重要な役割を果たしました。マドリッド市では、建築会社が光触媒を応用した都市インフラを提供する際に、優遇措置を受けられます。マドリッド市は長年光触媒の分野で積極的に活動しており、バルセロナ市やマラガ市もマドリッド市の積極的なアプローチに賛同しています。

LIFE プログラム（1992 年に開始した環境および気候変動対策のための EU のプログラム。2014-2020 の研究開発期間の総予算は 34 億ユーロにのぼる）のひとつ、LIFE-PHOTOSCALING（右の QR コード参照）が、イベリア光触媒協会の支援を受けてマドリッド市で実施されました。この研究プロジェクトでは、以下の 2 つの重要な環境問題が取り上げられました。

1：ヨーロッパの大都市における大気質汚染
2：ナノ粒子の曝露という新たな問題

この研究プロジェクトは2014年10月にキックオフし、2019年6月30日に終了しました。主な目的は、光触媒の効果を、実験室での測定から都市での応用までスケールアップして評価することでした。その結果、マドリッド市に光触媒を導入することで、5年後にはNOxを約5%、10年後には15%削減できるという結論が得られました。

また、この研究プロジェクトの調査では、インタビューした916人のうち36%の人が光触媒について聞いたことがあるという結果が出ており、ヨーロッパ全体と比較しても非常に高い数字となっています。

デンマークでは光触媒協会がないにもかかわらず、光触媒製品の使用を積極的に決定している都市を目にします。コペンハーゲンの一部であるフレデリクスベルク市は2018年4月30日、新たな舗装を設置する際には、光触媒を積極的に使用することを決定しました（右のQRコード参照）。フレデリクスベルク市の環境市民局は、光触媒技術を6ヶ月間調査し、光触媒が機能することが証明され、人口の多い都市でのNOx除去に有用なツールと考えられると結論付けました。さらに、フレデリクスベルク市は、コンクリート舗装に光触媒を追加することで、設置コストは1 $m^2$ あたり1～4%しか増加しないと結論付けました。2020年夏、フレデリクスベルク市は光触媒技術のテスト用にアスファルト道路を準備し、2030年の大気質改善計画に光触媒を追加しました。

## 欧州における光触媒の将来展望

ヨーロッパで光触媒が導入された頃を振り返ってみると、いくつかの重要な進展が今日の光触媒技術の考え方を変えたことに気づきます。ヨーロッパで光触媒が導入されたとき、その技術は高価なものでした。技術料込みの光触媒製品価格は、技術料を除いた製品価格の2倍になることがよくありました。しかし、酸化チタン粉末を製品全体に混ぜ込むという方法から、製品の表面のみにコーティングできる透明な水性酸化チタン分散液を用いる方法にシフトしたことで、コスト面に大きな変化をもたらしました。しかも、価格面だけでなく、性能も大幅に向上しました。

私たちは現在、実環境での効果の科学的な証明と、それに支えられた、魅力的な価値を提供する「光触媒材料の第3世代」が生まれています(図17-8)。

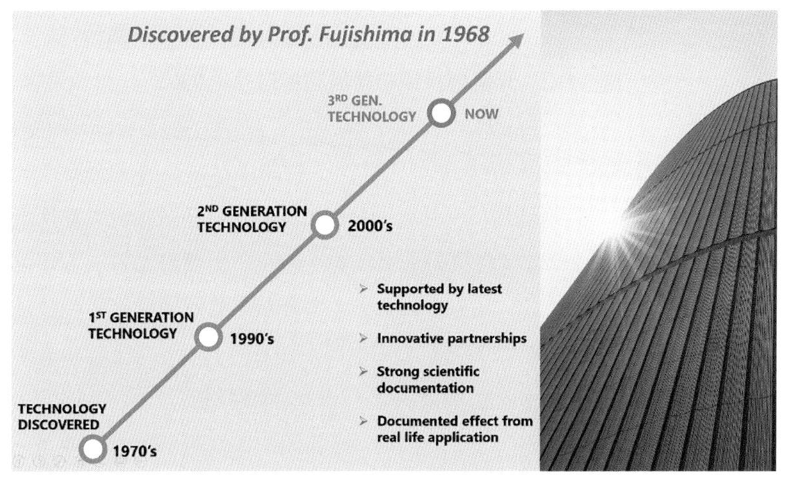


**図17-8　ヨーロッパの光触媒材料の変遷**

今後5年間の欧州における光触媒の発展は、さまざまな特徴を統合し、持続可能な技術として提示することが中心になると考えています。光触媒技術の持続可能なサイクルを完成させることが、欧州における光触媒の次の大きな改善になると考えています(図17-9)。光触媒技術が持続可能な枠組みの中で検討され、受け入れられるようになれば、NOxの削減に関する証明や知識化が完成した時と同様に、光触媒製品の販売がまた大きく増加することが予想されます。また、ヨーロッパでの光触媒の認知度が高まることが期待されます。ヨーロッパのすべての地域で、前述のスペインにおける認知度に達することがひとつの目標です。

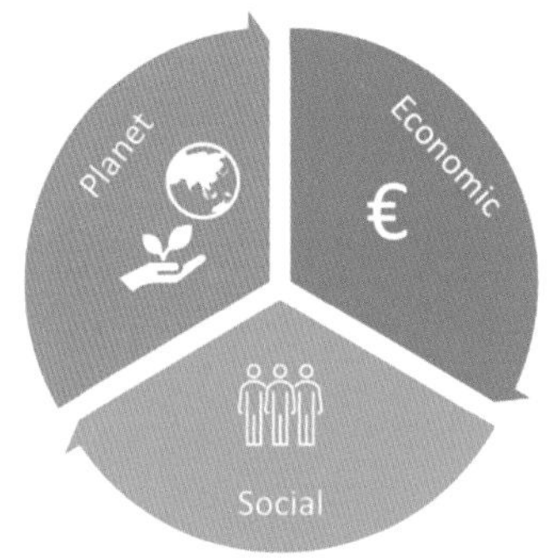

**図 17-9　光触媒技術の持続可能なサイクル**

持続可能な技術やビジネスといえば、一般的には3つの主要なカテゴリーが重要です。地球環境、社会的持続可能性、経済的持続可能性です。光触媒技術は、NOx削減効果で環境への良い影響があることが証明されています。今後は、$CO_2$フットプリントや温室効果ガスの削減にも目を向け、気候改善技術として光触媒が注目されると考えています。光触媒技術の$CO_2$フットプリントは、NOx削減技術の中で最も$CO_2$排出量が少ないことが知られています。使用段階では、太陽のエネルギー以外にエネルギーを使用しません。他のすべての競合技術は、熱や燃料消費量の増加などの形でエネルギーを使用しています。

光触媒はまた、時間が経過しても表面を清潔に保ちます。したがって、表面を清潔に保つためのほかの技術に関するコストや$CO_2$フットプリントと比較することもできます。2008年、MEKA法に基づくライフサイクル分析（LCA）では、光触媒でセルフクリーニング効果を付与した窓は、通常の窓掃除と比較して$CO_2$排出量を90％削減できることが示されました。他の建材の表面にセルフクリーニング効果を付与しても、同様の削減効果が得られるでしょう。

NOx 削減効果を証明した経緯と同様、セルフクリーニング効果を文書化し証明していく行動は、今後数年間にヨーロッパでセルフクリーニング効果の普及を促進することになるでしょう。

光触媒の新しい応用分野は、ヒートアイランド効果の低減です。明るい色の建材表面は、太陽放射を効率よく反射します。通常、表面の反射率は、汚れ、タイヤ痕、藻類の成長などにより、時間の経過とともに減少します。光触媒製品は、表面を清潔に保つことで、この減少をくいとめる可能性を秘めています。

持続可能な技術に関連する第二、第三のカテゴリーは、社会的・経済的利益です。今日では、光触媒技術による NOx 除去効果の測定精度が向上し、健康で快適な社会をつくるためのコスト削減につながっています。NOx 除去に関し「正味現在価値」の考え方を導入すると、2～3 年以内に投資額は回収可能となります（図 17-10）。

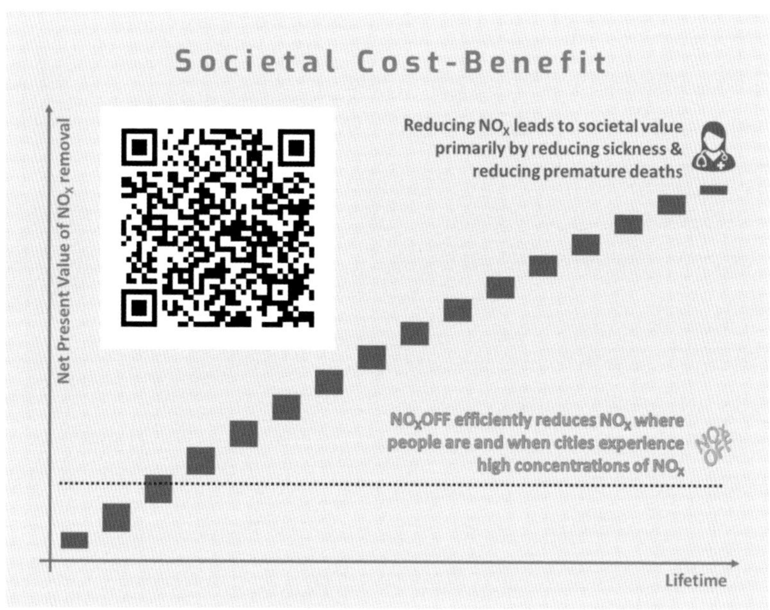


**図 17-10 ロスキレ市の実環境調査に基づくNOx 除去コストに関する試算結果**

参考文献

1. P. D. Pedersen, N. Lock and H. Jensen, "Removing NOx Pollution by Photocatalytic Building Materials in Real-Life: Evaluation of Existing Field Studies," J. Photocatal., no. submitted manuscript, 2020.
2. Environmental Industries Commission（EIC）, "Towards Purer Air: A review of the latest evidence of the effectiveness of photocatalytic materials and treatments in tackling local air pollution."

（Henrik Jensen Ph.D.）

## 【参考文献】

**藤嶋昭 著**

『第一人者が明かす光触媒のすべて』（ダイヤモンド社、2017 年）

**藤嶋昭 著**

『光触媒が未来をつくる―環境・エネルギーをクリーンに』（岩波書店、2012 年）

**橋本和仁・藤嶋昭 監修**

『図解 光触媒のすべて』（オーム社、2012 年）

**藤嶋昭・かこさとし ほか共著**

『太陽と光しょくばいものがたり』（偕成社、2010 年）

**藤嶋昭・村上 武利 監修、著**

『絵でみる 光触媒ビジネスのしくみ』（日本能率協会マネジメントセンター、2008 年）

**大谷文章 著**

『光触媒標準研究法』（東京図書、2005 年）

**橋本和仁・大谷文章・工藤昭彦 編著**

『光触媒　基礎・材料開発・応用』（エヌ・ティー・エス、2005 年）

**藤嶋昭・瀬川浩司 共著**

『光機能化学―光触媒を中心にして』（昭晃堂、2005 年）

**藤嶋昭・橋本和仁・渡部俊也 著**

『光触媒のしくみ』（日本実業出版社、2000 年）

**藤嶋昭・橋本和仁・渡部俊也 著**

『光クリーン革命―酸化チタン光触媒が活躍する』（シーエムシー出版、1997 年）

［共著者］

**寺島千晶【第12章】**

東京理科大学教授
研究推進機構総合研究院
光触媒国際研究センター
（兼）スペース・コロニー研究センター

**鈴木孝宗【第 4・5・7・11章】**

東京理科大学講師
研究推進機構総合研究院　光触媒研究推進拠点
（兼）光触媒国際研究センター
（兼）スペース・コロニー研究センター

**角田勝則【第 9 章】**

東京理科大学　野田統括部　野田研究推進課　プロジェクトマネージャー

**落合 剛【第 3・6・8・9 章】**

地方独立行政法人 神奈川県立産業技術総合研究所（KISTEC）
溝の口支所 川崎技術支援部 材料解析グループ 主任研究員
法政大学 兼任講師

**濱田健吾【第 4・5・14 章】**

地方独立行政法人 神奈川県立産業技術総合研究所（KISTEC）
溝の口支所　川崎技術支援部　材料解析グループ研究員

**石黒 斉【第10章】**

地方独立行政法人 神奈川県立産業技術総合研究所（KISTEC）
殿町支所　研究開発部　評価技術センター　光触媒グループ
抗菌・抗ウイルス研究グループ　サブリーダー・主任研究員

**只 金芳【第15章】**

中国科学院　理化技術研究所教授

**金 鍾鎬【第16章】**

韓国全南大学教授
Photo & Environmental Technology Co. Ltd.（Korea）代表理事

**František Peterka Ph.D.【第17章】**

光触媒に関する欧州標準化委員会 CEN TC 386 の共同創設者
チェコ光触媒応用連盟（CAAP）の共同創設者
日本光触媒工業会（PIAJ）名誉会員

**Henrik Jensen Ph.D.【第17章】**

デンマーク Photocat 社 CTO（最高技術責任者）兼共同創設者

**光触媒ミュージアム事務局**（青木智子・鶴見桃子）**【第13章】**

地方独立行政法人 神奈川県立産業技術総合研究所（KISTEC）
溝の口支所　研究開発部　研究支援課　研究支援グループ

［著者代表］

**藤嶋 昭**（Akira Fujishima）

東京理科大学栄誉教授、東京大学特別栄誉教授
1942年生まれ。1966年、横浜国立大学工学部卒。1971年、東京大学大学院工学系研究科博士課程修了。1971年、神奈川大学工学部専任講師。1975年、東京大学工学部講師。1976〜77年、テキサス大学オースチン校博士研究員。1978年、東京大学工学部助教授。1986年、東京大学工学部教授。2003年、財団法人神奈川科学技術アカデミー理事長。2003年、東京大学名誉教授。2005年、東京大学特別栄誉教授。2010年、東京理科大学学長。2018年、東京理科大学栄誉教授。
現在、東京理科大学光触媒国際研究センター長、東京応化科学技術振興財団理事長、光機能材料研究会会長、北京大学名誉教授、吉林大学名誉教授、上海交通大学名誉教授、中国科学院大学名誉教授、ヨーロッパアカデミー会員、中国工程院外国院士。
これまで電気化学会会長、日本化学会会長、日本学術会議会員・などを歴任。

【おもな受賞歴】文化勲章（2017年）、トムソン・ロイター引用栄誉賞（2012年）、The Luigi Galvani Medal（2011年）、文化功労者（2010年）、神奈川文化賞（2006年）、恩賜発明賞（2006年）、日本国際賞（2004年）、日本学士院賞（2004年）、産学官連携功労者表彰・内閣総理大臣賞（2004年）、紫綬褒章（2003年）、第1回 The Gerischer Award（2003年）、日本化学会賞（2000年）、井上春成賞（1998年）、朝日賞（1983年）など。
現在、川崎市名誉市民、豊田市名誉市民。
オリジナル論文（英文のみ）950編、著書（分担執筆、英文含む）約100編、総説・解説約500編、特許310編。

最新情報をやさしく解説

**光触媒実験法**

2021年3月6日　第1刷発行
2021年3月22日　第2刷発行

著　者 ――― 藤嶋 昭
寺島千晶・鈴木孝宗・角田勝則・落合 剛
濱田健吾・石黒 斉・只 金芳・金 鍾鎬
František Peterka・Henrik Jensen
光触媒ミュージアム事務局（青木智子・鶴見桃子）

編　集 ――― 北野嘉信・松下清

図版作成協力 ―― 鈴木孝宗・濱田健吾

発行人 ――― 北野嘉信

発行所 ――― 株式会社 北野書店
〒212-0058　川崎市幸区鹿嶋田 1-18-7　KITANOビル3F
http://www.kitanobook.co.jp
電話／044-511-5491

印　刷 ――― 株式会社 太平印刷社


ISBN 978-4-904733-07-3